全国职业教育"十三五"规划教材

发电厂电气设备运行与维修

邵维涛 杨正勇 赵书宝 主编

兵器工业出版社

内容简介

本教材以电气设备为载体，按照任务教学模式，培养学生的专业技能。全书共分为八个项目，主要内容包括电力系统认知及运行，高压开关设备运行与维护，电气一次部分运行与维护，互感器运行与维护，水电厂配电装置运行与维护，水电厂交、直流部分运行与维护，水电厂主变压器运行与维护，水电厂发电机运行与维护。

本书可作为职业院校电力技术类专业的教材，也可作为电力行业技术人员的参考用书。

图书在版编目（C I P）数据

发电厂电气设备运行与维修 / 邵维涛，杨正勇，赵书宝主编. -- 北京：兵器工业出版社，2015.9
ISBN 978-7-5181-0138-2

Ⅰ. ①发… Ⅱ. ①邵… ②杨… ③赵… Ⅲ. ①发电厂－电气设备－运行②发电厂－电气设备－维修 Ⅳ.①TM621.7

中国版本图书馆 CIP 数据核字（2015）第 198632 号

出版发行：兵器工业出版社　　　　　　　　　　责任编辑：王强
发行电话：010-68962596，68962591　　　　　封面设计：赵俊红
邮　　编：100089　　　　　　　　　　　　　责任校对：郭　芳
社　　址：北京市海淀区车道沟 10 号　　　　　责任印制：王京华
经　　销：各地新华书店　　　　　　　　　　开　　本：787×1092　1/16
印　　刷：冯兰庄兴源印刷长　　　　　　　　印　　张：12
版　　次：2023 年 8 月第 1 版第 2 次印刷　　字　　数：294 千字
印　　数：3001 - 5000　　　　　　　　　　　定　　价：28.00 元

前　言

本套图书以学生能力培养为主线，以工作任务为载体，融"教、学、练、做"为一体，适合开展项目化教学，体现实用性、实践性和创新性的特色，是一套紧密联系生产实际的职业教育规划教材。

本书针对专业课程体系对课程进行系统优化设计，根据学习目标对课程的要求，充分考虑课程在专业人才培养中的地位、作用以及与其他课程的前后衔接，以水电厂运行值班员职业能力培养为重点，突出中职教育的职业性、实践性和开放性特色。课程以电气设备为载体，按照任务教学模式，培养学生的专业技能。

全书共分为八个项目，主要内容包括电力系统认知及运行，高压开关设备运行与维护，电气一次部分运行与维护，互感器运行与维护，水电厂配电装置运行与维护，水电厂交、直流部分运行与维护，水电厂主变压器运行与维护，水电厂发电机运行与维护。

本书既可以作为职业院校电力技术类专业的教材，也可以作为电力行业技术人员的参考用书。

由于编者水平有限，书中难免存在不足和疏漏之处，敬请广大读者批评指正。

编　者

《发电厂电气设备运行与维修》
编委会

主　编：邵维涛　　杨正勇　　赵书宝

副主编：李安全　　李　娅

参　编：李自恒　　周明闪　　董宝稳

　　　　彭秋蓉　　资　敏

目　录

发电厂电气设备运行与检修

项目一 电力系统认知及运行

【学习目标】

➢ 知道电力系统基础理论知识。

➢ 知道发电厂和变电站的类型。

➢ 知道电力系统的构成及特点。

➢ 能进行中性点接地方式的比较和分析。

➢ 知道短路的类型、危害及防止措施。

【项目描述】

某供电局管辖的电力系统，有 110kV 变电站 18 座，变电容量为 1000MW，35kV 变电站 38 座，变电容量为 2500MW，水电站 39 座，发电容量为 350MW，火电厂 12 座，发电容量为 100MW，各类用电负荷为 500MW，其中，居民用户 30 万户。在该电网内，有枢纽变电站、中间变电站、终端变电站、开关站、径流式水电站、坝后式水电站、火电站、硅冶炼厂矿、加工业等。针对以上情况，你是如何理解电力系统的？

任务一 电力系统和电力网认知

一、电力系统的概念

在电力工业发展的初期，发电厂多建设在用户附近，规模很小，而且是孤立运行的。随着城市的发展和科学技术的进步以及我国电力工业的发展，用户的用电量和发电厂的装机容量都在不断增大。由于电能生产是一种能量形态的转换，所以发电厂必须或需要建设在动力资源所在地，而蕴藏动力资源的地区与电能用户之间往往隔有一段距离。例如，水能资源集中在河流落差较大的山丘地区，热能资源则集中在盛产煤、石油、天然气的矿区，而大城市、大工业中心等用电单位则由于原材料供应、产品协作配套、运输、销售、农副产品供应等原因以及各种地理、历史条件的限制，往往与动力资源所在地相距较远，为此就必须架设输电线路将电能送往负荷中心。同时，要实现大容量、远距离输送电能，还必须建设升压变电站和架设高压甚至超高压输电线路。当电能输送到负荷中心后，必须经过降压变电站降压，再经过配电线路，才能向各类用户供电。

生产电能的目的是向电力用户提供电能，电力用户用电必须与发电厂相连接。电力生产和传输的特点决定了发电厂和电力用户不能直接连接，必须增加升压、输电、降压等环节，这种由各种电压等级的输配电线路，把发电厂、变电站及电力用户连接成的发电、输电、变电、配电、用电的整体，称为电力系统。电力系统加上发电机的原动机（如汽轮机、水轮机等）、原动机的力能部分（如热力锅炉、水库、原子能反应堆等）以及配套设施（如用热设备）等，则称为动力系统。此外，电力系统中由各种电压等级的输配电线路以及送变电设备组成的部分称为电力网。动力系统、电力系统和电力网三者的联系与区别如图 1-1 所示。

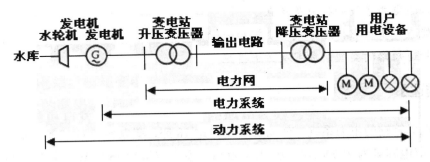

图 1-1　电力系统和动力系统示意图

二、联合电力系统的优越性

随着电力工业的不断发展，电力系统的容量不断增加、电压等级的不断提高，所跨的区域不断扩大，形成强大的联合电力系统。联合电力系统具有以下优越性：

（1）可以提高电力网运行的可靠性。

（2）可以保证供电的电能质量。

（3）可以提高电气设备的利用率，减少系统的备用总容量。

（4）便于采用技术经济性能好的大机组，提高效率。

（5）可以充分利用各种自然资源，发挥各类发电厂的特点，提高电力系统的经济性。

三、电力生产的特点

电力生产具有以下特点：

（1）电能生产、输送、分配、使用的同时性。

（2）运行方式改变引起电磁暂态和机电暂态的短暂性。

（3）对国民经济发展和人民生活的重要性。

四、电力系统的运行要求

为了保证向用户提供电能，电力系统的运行必须满足以下要求：

（1）必须满足用户的最大要求。

（2）保证供电的可靠性。

（3）保证电能质量。

（4）保证电力系统运行的经济性。

（5）保证运行人员和设备安全。

对电力系统的基本要求（八字方针）：安全、可靠、经济、优质。

任务二　发电厂、变电站认知

一、发电厂和变电站的类型

发电厂是把各种天然的一次能源转换成电能的工厂。变电站是联系发电厂和用户的中间环节，起着变换电压和分配电能的作用。发电厂生产的电能，一般先由电厂的升压站（升压变电站）升压，经高压输电线路送出，再经变电站和配电变压器多次降压后，才能供给电力用户使用。

（一）发电厂的基本类型

1. 水力发电厂

水力发电厂（简称水电厂），是将水的位能、势能和动能转换为电能的工厂。水流冲击水轮机旋转，带动发电机旋转来发电，图1-2为两种水力发电厂示意图。

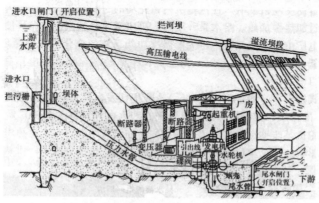

a)

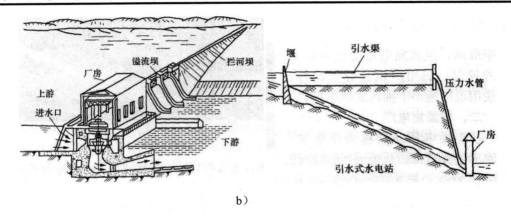

b）

图 1-2　水力发电厂示意图

a）坝后式水力发电厂；b）河床式水力发电厂

水力发电厂按取水方式的不同，可分为以下几种：

（1）堤坝式水电厂。堤坝式水电厂是在河流的适当位置修建堤坝，形成水库，利用坝的上下游水位的落差，引水发电。

堤坝式水电厂又分为坝后式和河床式两种。坝后式水电厂厂房建筑在大坝的后面，不承受水的压力，适用于高、中水头的水电厂；河床式水电厂的厂房与大坝合成一体，厂房是大坝的一个组成部分，要承受水的压力，故适用于中、低水头的水电厂。

（2）径流式水电厂。径流式水电厂也叫引水式水电厂，是利用有较高水位落差的急流江河建坝，但不形成水库，而是直接将水引入水轮机发电，这种电厂只能按天然江河的水流量及水头落差来发电，受季节影响较大。

（3）抽水蓄能电站。抽水蓄能电站是一种特殊形式的水电厂，如图 1-3 所示，由高落差的上、下水库和水轮机—发电机—水泵的可逆机组组成。

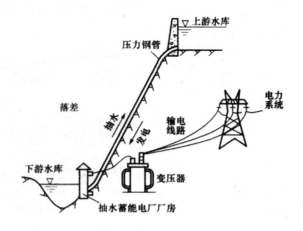

图 1-3　抽水蓄能电站

当系统处于低谷负荷时，机组以发电机—水泵方式工作，吸收电力系统的有功功率将下游的水抽至上游水库蓄存起来，把电能转换为水能，这时它是用户，相当于将交流电能以水的位能的形式蓄存起来，用以改善电力系统的运行调度。当系统处于高峰负荷时，机组按水轮机—发电机方式运行，使所蓄的水用于发电，以满足调峰需要，这时它是发电站。

抽水蓄能电站是电力系统的填谷调峰电源，可以做调频、调相和系统的备用容量，一般可与发电较稳定的核电站配合设置。

2. 火力发电厂

以煤炭、石油、天然气等为燃料的发电厂称为火力发电厂。火力发电厂按其工作情况的不同又可以分为以下几类：

（1）凝汽式火力发电厂。凝汽式火力发电厂中，煤粉（或石油、天然气等）在锅炉的炉膛里燃烧时将化学能转换成热能，加热锅炉里的软化水产生蒸汽，蒸汽通过管道送到汽轮机，推动汽轮机旋转，将热能转换成机械能。汽轮机带动发电机旋转，再将机械能转换成电能。凝汽式火力发电厂的生产过程如图1-4所示。

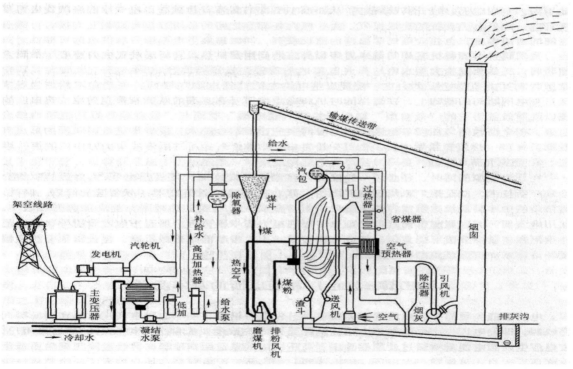

图1-4 凝汽式火力发电厂的生产过程

煤从储煤场由输煤传送带运送到锅炉房的原煤斗中，继而送入磨煤机被磨成煤粉。煤粉由热空气输送，经喷燃器进入锅炉炉膛（燃烧室）内燃烧。空气经送风机进入空气预热器加热为热空气，其中一部分热空气进入磨煤机以干燥和输送煤粉，另一部分热空气进入锅炉燃烧室助燃。在燃烧室内，燃料着火燃烧放出热量，其热量加热燃烧室四周水冷壁内的软化水成为饱和水和蒸汽。当炉膛烟气通过水平烟道内的过热器和尾部烟道内安置的省煤器和空气预热器时，继续把热量传给蒸汽、水和空气。尾部烟道底部的低温烟气经除尘器除去飞灰，通过引风机从烟囱排入大气。燃料在炉膛内燃烧后落入锅炉底部的灰渣和除尘器下部排出的细灰，用高压水将其冲到灰渣泵房，经灰渣泵排至储灰场。

经化学处理过的软化水在水冷壁管内受热产生的蒸汽，流过过热器时进一步吸收水平烟道烟气的热量而变成过热蒸汽，过热蒸汽通过主蒸汽管道进入汽轮机膨胀做功，推动汽轮机的转子旋转，将热能转换成机械能。汽轮机带动发电机旋转，将机械能转变为电能。在汽轮机内做过功的乏汽从尾部排出进入凝汽器，在凝汽器内被冷却成水，凝结水通过凝结水泵经由低压加热器加热后进入除氧器。除氧后的水由给水泵打入高压加热器加热，进一步提高温度后再次送入锅炉，循环使用。

循环水系统的冷却水经循环水泵打入凝汽器的循环水水管中，吸收汽轮机排出乏汽的热量后，经排水管排出，将热量带走。由于在凝汽器中，大量的热量被循环水带走，故一般凝汽式火力发电厂的效率都比较低，即使是现代高温高压或超高温高压的凝汽式火力发电厂，效率也只有30%~40%。

（2）热电厂。热电厂除了发电以外，还向用户供热。它与凝汽式火力发电厂不同之处主要是从汽轮机中间段抽出一部分做过功的蒸汽供给热用户使用，或经热交换器将水加热后，供给用户热水。这样，可以减少被循环水带走的热量损失，提高总效率。热电厂的总效率可达到60%~70%。

（3）燃气轮机发电厂。燃气轮机发电厂中的燃气轮机与凝汽式火力发电厂的汽轮机工作原理相似，所不同的是燃气轮机的工质是高温高压的气体而不是蒸汽。这些作为工质的气体可以是用清洁煤技术将煤炭转化成的清洁煤气（也可以是天然气等），进入燃气轮机的燃烧炉中燃烧做功。整体煤气化联合循环（IGCC）基本流程图如图1-5所示。

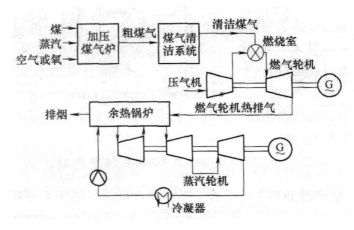

图 1-5 整体煤气化联合循环（IGCC）基本流程图

燃气轮机的工作过程是：空气被压气机连续地吸入和压缩，压力升高后流入燃烧室与清洁煤气混合成高温燃气，燃烧产生的高温高压气体进入燃气轮机中膨胀做功，燃气轮机再带动发电机发电，做功后的气体的压力降低排出。这种单纯用燃气轮机驱动发电机的电厂的热效率只有 35%~40%。因为燃气轮机循环的工质最高温度比蒸汽动力循环高，它最后的排出温度还很高，为提高效率，再采用燃气—蒸汽联合循环系统，即燃气轮机的热排气进入余热锅炉，加热锅炉中的水产生高温高压蒸汽，送蒸汽到汽轮机中去做功，从而带动发电机再次发电。联合循环系统的热效率可达 56%~85%。

上述生产过程中，煤的气化过程需要空气和蒸汽，在联合循环中空气可以从燃气轮机的压气机中抽气供给，蒸汽可以从汽轮机或锅炉中抽气供给，这样就把煤的气化与联合循环的主要部件组成一个有机整体，故称为整体煤气化联合循环。采用清洁煤技术的整体煤气化联合循环（IGCC）电站，对提高发电厂的效率和环境保护，无疑意义是巨大的。

3. 核能发电厂

核能发电厂通常称为核电站或原子能发电厂。以核反应堆取代火电厂的锅炉装置，如图 1-6 所示。反应堆采用铀 235 为原料，水、重水或石墨等作为快中子减速剂，铀在慢中子的撞击下产生链式反应，分裂原子核，放出能量，加热水成为高温高压蒸汽，冲动汽轮机再带动发电机工作。

图 1-6 大亚湾核电厂

核电站的单元容量由核反应堆的安全性因素决定。由于核电生产特点的要求，核电站在系统中承担基本负荷，设备年利用小时数在 6500h 以上。由于原子裂变释放的能量巨大，所以核电厂消耗的核燃料很少，因而经济效益很高。

我国现在完成和在建的共有 18 座核电站（如图 1-7 所示）。已完成建造的：广东大亚湾核电站、广东岭澳一期核电站、浙江秦山核电站（一期）、浙江秦山二期核电站、浙江秦山三期（重水堆）核电站、江苏田湾核电站（一期）、广东岭澳核电站二期，浙江秦山核电站二期扩建。

在建的核电站：广东阳江核电站一期、广东台山核电站 、辽宁红沿河核电站一期 、福建宁德核电站、福建福清核电站（一期）、浙江三门核电站一期、浙江秦山核电厂扩建项目、浙江方家山核电工程、海南昌江核电站、山东海阳核电站。

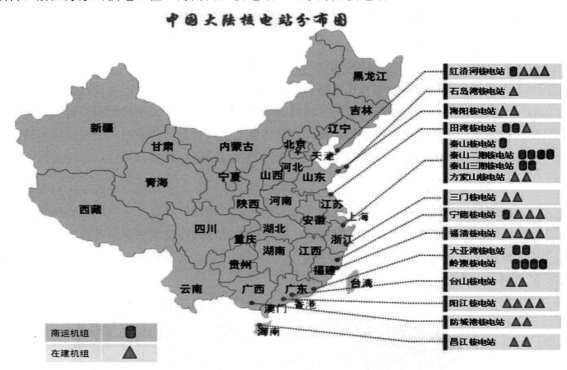

图 1-7　中国大陆核电站分布图

远离负荷中心的大容量的凝汽式火力发电厂、水力发电厂，由于其容量较大，输电距离较远，所以把电压升高到 500kV 甚至更高电压后经线路送出。中型发电厂的电能升压至 220kV 后由输电线路送到变电站，并通过线路与 220kV 电网相联系。热电厂由于要兼供热，所以建在用户附近，它除了可用 10kV 发电机将电压直供给附近地区用电外，还可通过升压变压器升高到某一个或两个电压等级后再向电网送电。

4．其它类型发电厂

除了以上三种主要能源的利用外，其它各种形式的一次能源都应得到充分的利用，如风力发电、沼气发电、地热发电、太阳能发电等，生物发电、潮汐发电，特别是卫星电站正在开发之中。此外，还有直接将热能转变为成电能的磁流体发电、电气体发电等。

（二）变电站的基本类型

变电站是联系发电厂和用户的中间环节，起着变换和分配电能的作用。从发电厂送出的电能一般经过升压远距离输送，再经过多次降压后用户才能使用，所以电力系统中的变

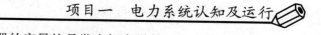

电站的数量多于发电厂。据统计，系统变压器的容量约是发电机容量的 7~10 倍。根据变电站在电力系统中的地位、作用与供电范围，可以将其分为以下几类：

1．枢纽变电站

枢纽变电站位于电力系统的枢纽点，汇集着电力系统中多个大电源和多回大容量的联络线，连接着电力系统的多个大电厂和大区域系统。这类变电站的电压一般为 330kV 以上。枢纽变电站在系统中的地位非常重要，若发生全站停电事故，将引起系统解列，甚至系统崩溃的灾难局面。

2．中间变电站

中间变电站的电压等级多为 220~330kV，高压侧与枢纽变电站连接，以穿越功率为主，在系统中起交换功率的作用，或使高压长距离输电线路分段。它一般汇集 2~3 个电源，其中压侧一般是 110~220kV，供给所在地区的用电并接入一些中小型电厂。这样的变电站主要起中间环节作用，当全站停电时，将引起区域电网解列，影响面也比较大。

3．地区变电站

地区变电站主要任务是给地区的用户供电，它是一个地区或城市的主要变电站，电压等级一般为 110~220kV，全站停电只影响本地区或城市的用电。

4．终端变电站

终端变电站位于输电线路的末端，接近负荷点，高压侧电压多为 110kV 或者更低（如 35kV），经过变压器降压为 6~10kV 电压后直接向用户送电，其全站停电的影响只是所供电的用户，影响面较小。

5．开关站

在超高压远距离输电线路的中间，用断路器将线路分段和增加分支线路的工程设施称开关站。

（1）开关站与变电站的区别

1）没有主变压器。

2）进出线属同一电压等级。

3）站用电的电源引自站外其他高压或中压线路。

（2）开关站的主要功能

1）将长距离输电线路分段，以降低工频过电压水平和操作过电压水平。

2）当线路发生故障时，由于在开关站的两侧都装设了断路器，所以仅使一段线路被切除，系统阻抗增加不多，既提高了系统的稳定性，又缩小了事故范围。

3）超/特高压远距离交流输电，空载时线路电压随线路长度增加而增高，为了保证电压质量，全线需分段并设开关站安装无功补偿装置（电抗器）来吸收容性充电无功功率。

4）开关站可增设主变压器扩建为变电站。

二、发电厂和变电站电气设备简述

（一）主要电气设备

1. 电气一次设备

直接生产、转换和输配电能的设备称为电气一次设备。它们主要有以下几种：

（1）生产和转换电能的设备。如发电机、电动机、变压器等，它们是直接生产和转换电能的最主要的电气设备。

（2）接通或断开电路的开关电器。为满足运行、操作或事故处理的需要，将电路接通或断开的设备，如断路器、隔离开关、接触器、熔断器等。

（3）限制故障电流和防御过电压的电器。如用于限制短路电流的电抗器和防御过电压的避雷器、避雷针、避雷线等。

（4）接地装置。用来保证电力系统正常工作的工作接地或保护人身安全的保护接地，它们均与埋入地中的金属接地体或连成接地网的接地装置连接。

（5）载流导体。电气设备必须通过载流导体按照生产和分配电能的顺序或者说按照设计要求连接起来，常见的载流导体有裸导体、绝缘导线和电力电缆等。

（6）补偿装置。如调相机、电力电容器、消弧线圈、并联电抗器等。它们分别用来补偿系统无功功率，补偿小电流接地系统中的单相接地电容电流，吸收系统过剩的无功功率等。

（7）仪用互感器。如电压互感器和电流互感器，它们将一次回路中的高电压和大电流变成二次回路中的低电压和小电流，供给测量仪表和继电保护装置使用。

通常，一次设备用规定的图形和文字符号表示，如表 1-1 所示。

表 1-1　设备对应的图形和文字符号

设备名称	图形符号	文字符号	用途
直流发电机	Ⓖ	GD	将机械能转化成电能
交流发电机	Ⓖ	GS	将机械能转化成电能
直流电动机	Ⓜ	MD	将电能转化成机械能

交流电动机		MS	将电能转化成机械能
双绕组变压器		TM	变换电能电压
三绕组变压器		TM	变换电能电压
自耦变压器		TM	变换电能电压
电抗器		L	限制短路电流
分裂电抗器		L	限制短路电流
电流互感器		TA	测量电流
电压互感器		TV	测量电压
高压断路器		QF	投、切高压电路
低压断路器		Q	投、切低压电路
隔离开关		QS	隔离电源
负荷开关		QL	投、切电路
接触器		KM	投、切低压电路
熔断器		FU	短路保护
避雷器		FU	过电压保护
终端电缆头		X	电缆接头

接地	$\perp$	E	安全保护
保护接地	$\perp$	PE	保护 人身安全

2．电气二次设备

对电气一次设备进行监察、测量、控制、保护、调节的设备，称为电气二次设备。

（1）测量表计。测量表计用来监视、测量电路的电流、电压、功率、电量、频率及设备的温度等，如电流表、电压表、功率表、电能表、频率表、温度表等。

（2）绝缘监察装置。绝缘监察装置用来监察交、直流电网的绝缘状况。

（3）控制和信号装置。控制主要是指采用手动（用控制开关或按钮）或自动（继电保护或自动装置）方式通过操作回路实现配电装置中断路器的合、跳闸。断路器都有位置信号灯，有些隔离开关有位置指示器。主控制室设有中央信号装置，用来反映电气设备的事故或异常状态。

（4）继电保护及自动装置。继电保护的作用是当发生故障时，作用于断路器跳闸，自动切除故障元件；当出现异常情况时发出信号。自动装置的作用是用来实现发电厂的自动并列、发电机自动调节励磁、电力系统频率自动调节、按频率启动水轮机组，实现发电厂或变电站的备用电源自动投入、输电线路自动重合闸及按事故频率自动减负荷等。

（5）直流电源设备。直流电源设备包括蓄电池组和硅整流装置，用作开关电器的操作、信号、继电保护及自动装置的直流电源，以及事故照明和直流电动机的备用电源。

（6）塞流线圈（又称高频阻波器）。塞流线圈是电力载波通信设备中必不可少的组成部分，它与耦合电容器、结合滤波器、高频电缆、高频通信机等组成电力线路高频通信通道。塞流线圈起到阻止高频电流向变电所或支线泄漏、减小高频能量损耗的作用。

（二）电气接线

在发电厂和变电站中，电气接线分为电气一次接线和电气二次接线。电气一次设备根据工作要求和它们的作用，按照一定顺序连接起来而构成的电路称为电气主接线，又叫一次回路、一次接线或电气主系统。它表示电能的生产、汇集、转换、分配关系和运行方式，是运行操作、切换电路的依据。二次设备相互连接而成的电路称为二次回路、二次接线或者二次系统，二次接线表示继电保护、控制与信号回路和自动装置的电气连接以及它们动作后作用于一次设备的关系。用国家规定的图形和文字符号将一次回路和二次回路绘制成的电路图或电气接线图，分别称为电气主接线图（常绘制成单线图）和电气二次接线图。

（三）配电装置

按主接线图，由母线、开关设备、保护电器、测量表计及必要的辅助设备组建成接受

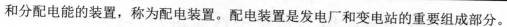

和分配电能的装置，称为配电装置。配电装置是发电厂和变电站的重要组成部分。

（1）配电装置按电气设备的安装地点可分为以下两种：

1）屋内配电装置。全部设备都安装在屋内。

2）屋外配电装置。全部设备都安装在屋外（即露天场地）。

（2）按电气设备的组装方式可分为以下两种：

1）装配式配电装置。电气设备在现场（屋内或屋外）组装。

2）成套式配电装置。制造厂预先将各单元电路的电气设备装配在封闭或不封闭的金属柜中，构成单元电路的分间。成套配电装置大部分为屋内型，也有屋外型。

配电装置还可按其他方式分类，例如按电压等级分类，称 10kV 配电装置、35kV 配电装置、110kV 配电装置、220kV 配电装置、500kV 配电装置等。

图 1-8 为某发电厂电气主接线图，其由 110kV 配电装置、10kV 配电装置以及发电机、主变压器组成。

（3）全封闭式组合电器

全封闭式组合电器（Gas Insulated Substation—GIS）全部采用 SF_6 气体作为绝缘介质，并将所有的高压电器元件密封在接地金属筒中金属封闭开关设备。它是由断路器、母线、隔离开关、电压互感器、电流互感器、避雷器、母线、套管 8 种高压电器组合而成的高压配电装置。

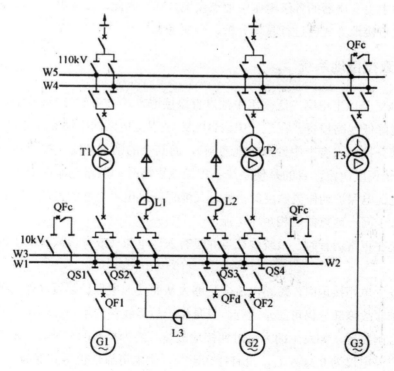

图 1-8　某发电厂电气主接线图

任务三　电力系统中性点运行方式

一、电力系统中性点及运行方式概述

电力系统的中性点是指三相系统中绕组或线圈采用星形连接的电力设备（如发电机、变压器等）各相的连接中性点，其对地电位在电力系统正常运行时为零或接近于零。由中性点引出的导线称为中性线，简称中线。电力系统中性点接地是一种工作接地，保证电力设备和整个电力系统在正常及故障状态下具有适当的运行条件。

电力系统中性点运行方式即电力系统中性点接地方式，其接地方式有两大类：一类是中性点有效接地，包括中性点直接接地或经过低阻抗接地，称为大接地电流系统；另一类是中性点非有效接地，包括中性点不接地、经过消弧线圈、经高阻抗接地，称为小接地电流系统。

我国电力系统广泛采用中性点不接地、中性点经消弧线圈接地、中性点直接接地等方式。电力系统采用不同的中性点运行方式，会影响到电力系统许多方面的技术经济问题，如电网的绝缘水平、供电可靠性、经济性、过电压水平及继电保护方式、通信干扰等。因此，选择电力系统的中性点运行方式是一个综合性问题。一般来说，电网中性点接地方式也就是变电站中主变压器的各级电压中性点接地方式。因此，在变电站的规划设计时，选择变压器中性点接地方式应进行具体分析、全面考虑。

二、中性点直接接地系统

我国 110kV 及以上电网广泛采用中性点直接接地方式。这样对线路的绝缘水平要求较低，能显著地降低线路投资。在运行中，110kV 及以上电网的中性点并非全部同时接地，而是只有一部分接地（合上中性点接地刀闸），而其余的则不接地（拉开其中性点接地刀闸）。这由系统调度决定，目的是使系统单相接地短路时，短路电流控制在一个合适的范围，既能满足继电保护动作灵敏度的需要，又能保证供电可靠性的提高。一般是希望单相短路电流不大于同一地点的三相短路电流。

这种系统在正常运行时，系统中性点并没有入地电流（或者说只有极小的三相不平衡电流）。

当系统发生单相接地时，短路电流会足够大从而使继电保护装置动作，迅速将故障线路切除。系统非故障部分仍可正常运行。只是接于故障线路的用户被停电，但可在线路上加装自动重合闸装置，如发生的为瞬时性接地故障（约为总数的 70%），重合闸大都能重合成功，用户停电仅为 0.5s 左右，没有什么影响，供电可靠性也得到保障。

单相接地短路电流较大，对邻近的通信线路有较强的电磁干扰，是这种接地方式的一个缺点。我国低压 380/220V 三相四线制配电系统，也采用中性点直接接地运行。

三、中性点不接地系统

中性点不接地方式的主要特点是简单、不需要任何附加设备、投资省、运行方便，特别适合于以架空线路为主的电容电流较小、结构简单的辐射型中压配电网。对于 10kV 及以下的系统，当发生完全金属性单相接地故障时，由于线路不长、电压不高，流过故障点的电流仅为正常时电网的对地电容电流的 3 倍（分析略），其数值较小，接地电弧一般都能自行熄灭，不需立即断开故障部分，不必中断向用户供电，提高了供电可靠性。同时，因单相接地故障时，相电压升高 $\sqrt{3}$ 倍变为线电压，绝缘方面投资增加不多、供电可靠性较高的优点突出，所以这种系统的中性点采用不接地运行方式较为适宜。但是，必须在较短的时间内查明并消除接地故障。

在中性点不接地系统中，电气设备和线路的对地绝缘应按能承受线电压考虑设计，而且应装设交流绝缘监察装置，当发生单相接地故障时，立即发出信号通知值班人员。

中性点不接地系统最大的弱点在于其中性点是绝缘的，电网对地电容中储存的能量没有释放通道。当电压等级较高、线路较长时，接地电流较大，易产生稳定电弧或间歇性电弧，电弧反复熄灭与重燃将使系统的零序电压逐步升高，这种弧光接地过电压可达很高的倍数，对系统设备绝缘危害很大。电压等级较高时，如仍采用这种方式势必使系统绝缘方面的投资大为增加，因此上述优点就不复存在了。

根据上述情况，目前我国中性点不接地系统的适用范围如下：

（1）电压在 500V 以下的三相三线制装置（380/220V 的照明装置除外）。

（2）3~10kV 系统当单相接地电流小于等于 30A 时。

（3）20~60kV 系统当单相接地电流小于等于 10A 时。

（4）与发电机有直接电气联系的 3~20kV 系统，如要求发电机可带内部单相接地故障运行，当单相接地电流小于等于 5A 时。

当不满足以上条件时，通常采用中性点经消弧线圈接地、经低电阻接地或直接接地的运行方式。

四、中性点经消弧线圈接地系统

我国 3~35kV 系统，当单相接地时电容电流大于前述规定值时，应采用中性点经消弧线圈接地方式（见图 1-9）。因为这种情况下接地电容电流较大，会产生断续电弧，可能使电路中发生危险的电压谐振现象，出现高达相电压 2.5~3 倍的过电压，导致线路上绝缘薄弱处被击穿，引起事故。

消弧线圈是一个铁芯带有气隙的可调电感线圈，其感抗可通过其绕组抽头进行调节。

当系统中性点经消弧线圈接地后，在发生单相接地故障时，接地点流过的是原来的电容电流 I_C 与新增加的电感电流 I_L 之差（因为电容电流与电感电流在相位上刚好相差 180°），从而使故障点接地电流减少，使电弧容易自行熄灭。

若调节消弧线圈使电感电流刚好等于电容电流，使二者完全抵消，这称为全补偿。由于全补偿时消弧线圈的感抗和非故障相的对地分布电容的容抗刚好构成串联谐振，产生非常大的谐振电流，谐振电流流经消弧线圈在其感抗上会引起危险的谐振过电压，所以实际运行中不允许采用全补偿方式。

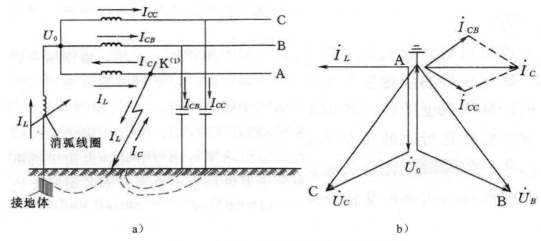

图 1-9　中性点经消弧线圈接地时的单相接地

a) 接线图；b) 相量图

实际运行中通常采用过补偿方式，即让电感电流大于电容电流，接地点电容电流全被抵消后还流有一个很小的电感性电流。为说明补偿的程度，提出了补偿度和脱谐度的概念：

补偿度
$$k = \frac{I_L}{I_C} \tag{1-1}$$

脱谐度
$$v = \frac{I_C - I_L}{I_C} = 1 - k \tag{1-2}$$

采用过补偿方式能保证一些线路退出运行时也不会变成全补偿（即谐振）状态。此时的补偿度 $k>1$，脱谐度 v 为负值，数值在 10%左右为宜。

在选择消弧线圈时，考虑到采用过补偿方式且为该系统稍留发展余地，可用下式计算其容量：

$$S_L = 1.5 I_C U_\phi (kVA) \tag{1-3}$$

式中　　I_C——系统一相接地的电容电流，A；

　　　　U_ϕ——系统的相电压，kV。

目前，我国大多数 6~10kV 系统中性点是不接地的；大多数 35kV 系统中性点是经消弧线圈接地的；在一些多雷山区，为了提高供电可靠性，有的 110kV 系统中性点也经消弧线圈接地。

任务四 电力系统短路电流分析

一、短路类型

短路分为三相短路、两相短路、两相接地短路和单相接地短路四种形式，其中三相短路为对称性短路，其他三种形式短路为不对称短路。三相短路发生的几率最小，但引起的后果最严重；单相接地短路发生的几率最高，在高压电网中，它占到所有短路次数的 85% 以上。图 1-10 所示为各种短路的示意图和表示符号，图中短路均指同一地点短路，实际上也可能是在不同地点发生短路，比如两相分别在不同地点接地后再短路。

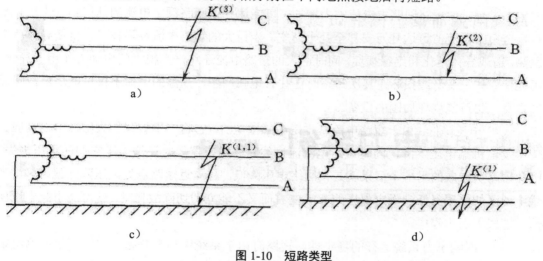

图 1-10 短路类型

a）三相短路；b）两相短路；c）两相接地短路；d）单相接地短路

二、短路的原因、危害及防止措施

（一）原因

（1）电气设备或载流部分的绝缘被破坏。绝缘陈旧、老化或机械损伤（如掘土时电缆绝缘被损伤）以及设计、安装、运行维护不良，污染导致绝缘子污闪，设备缺陷未被发现或未及时消除等，都可能造成绝缘损坏。

（2）大气过电压（指雷击过电压）、操作过电压（指操作时产生的过电压）。

（3）运行人员误操作。如运行人员不遵守技术操作规程和安全工作规程（未拆检修接地线、带负荷拉闸等）而造成误操作事故。

（4）自然灾害。如雷击、大风、洪水、冰雪、塌方等引起的输电线路的断线倒杆事故，以及飞禽或小动物跨接裸导体及其他难以预测的外部破坏等。

（二）危害

运行经验表明，在中性点直接接地的电力系统中，以单相接地（单相短路）的故障最多，占总短路故障的 65%~70%，两相短路占 10%~15%，两相接地短路占 10%~20%，三相短路一般只占 5%左右。三相短路发生的几率最小，但其后果最为严重。

在正常情况下，电路中通过的是负荷电流。当发生短路时，负荷阻抗和一部分电路阻抗被短接，电路总阻抗大大下降。因此，短路电路中的电流（短路电流）将显著增大，一般以三相短路最为严重，即在各种短路类型中，一般以三相短路的电流为最大。短路对电力系统会造成诸多不良后果，主要有下列几方面。

（1）设备受到破坏。在发生短路时，由于电源供电回路的阻抗减小以及突然短路时的暂态过程，使短路回路电流值大大增加，可能达到该回路额定电流的几倍到几十倍，某些场合短路电流值可达几万安甚至几十万安。当巨大的短路电流经导体时，将使导体严重发热，造成导体熔化和绝缘损坏，同时巨大的短路电流还将产生很大的电动力作用于导体，可能使导体变形或损坏。其次短路时往往有电弧产生，高温的电弧不仅可能烧坏故障元件本身，也可能烧坏周围的设备。

（2）电压降低。由于短路电流基本是电感性电流，它将产生较强的去磁性电枢反应，使得发电机端电压下降，同时短路电流流过线路、电抗器等时还增大了它们的电压损失，因此短路所造成的另一个后果就是使网络电压降低，越靠近短路点处电压降低就越多。当供电地区的电压降低到额定电压的 60%左右而又不能立即切除故障时，就可能引起电压崩溃，造成大面积停电。

（3）影响电力系统运行的稳定性。短路时由于系统中功率分布的突然变化和网络电压的降低，可能导致并列运行的同步发电机组之间的稳定性破坏。

（4）干扰通信。巨大的短路电流将在周围空间产生很强的电磁场，尤其是不对称短路所产生的不平衡交变磁场，会对周围的通信网络、信号系统、晶闸管触发系统及控制系统产生干扰。

（三）防止措施

综上所述，短路对电力系统的危害很大，为了保证系统安全可靠的运行，要尽可能防止短路的发生，在短路情况下还必须采取措施限制短路电流。

（1）防止短路的发生。如提高电气设备的绝缘水平、采用避雷器等设备限制过电压对电气设备的侵袭、加大绝缘距离、采用电缆供电或封闭母线供电、加强对绝缘部件的运行维护、提高运行人员的技术水平，减少误操作。

（2）采取限制短路电流的措施。如在发电厂内（厂用电）采用分裂电抗器或分裂绕组变压器（在短路时可增加回路电抗）；在短路电流较大的母线引出线上采用限流电抗器；对大容量的机组采用单元制的发电机—变压器组接线方式；在发电厂内将并列运行的母线解列；在电力网中采用开环运行等方式以及电网间用直流联络线等。

（3）采用自动重合闸。采用自动重合闸技术，对瞬时性故障能够迅速恢复供电。

（4）采用继电保护装置。采用继电保护装置，对永久性故障能够迅速将故障部分与系统其他部分隔离，保证正常部分的正常运行。

三、短路电流计算中的基本假设

短路过程是一种暂态过程。影响电力系统暂态过程的因素很多，若在实际计算中把所有因素都考虑进来，将是十分复杂也是不必要的。因此，在满足工程要求的前提下，为了简化计算，通常采取一些合理的假设，采用近似的方法对短路电流进行计算。基本假设条件如下：

（1）认为在短路过程中，所有发电机电势的相位及大小均相同，亦即在发电机之间没有电流交换，发电机供出的电流全部是流向短路点的，而所有负荷支路则认为已断开。

（2）不计及磁路饱和。这样系统中各元件的感抗便都是恒定的，可以运用叠加原理。

（3）不计及变压器励磁电流。

（4）系统中所有元件只计入电抗。但在计算短路电流非周期分量衰减时间常数，或者计算电压为 1kV 以下低压系统短路电流时，则必须计及元件的电阻。

（5）短路为金属性短路，即不计短路点过渡电阻的影响。

（6）认为三相系统是对称的。对于不对称短路，可应用对称分量法，将每序对称网络简化成单相电路进行计算。

以上假设，使短路电流计算结果稍微偏大一些，但最大误差一般不超过 10%~15%，这对于工程准确度来说是允许的。

【任务工作单】

任务目标：

能分析不同发电厂的工作过程及工作特点

能掌握电力系统的运行要求

能对短路的类型、危害、防止措施进行分析

1．什么是发电厂、变电站、电力系统及电力网？

2．简述电力系统中性点的接地方式。

3．一旦发生短路，有哪些危害？我们应如何防止？

项目二　高压开关设备运行与维护

【学习目标】

> 叙述高压断路器、高压隔离开关、高压负荷开关的作用和基本结构。

> 知道高压断路器、高压隔离开关、高压负荷开关类型和型号。

> 能进行高压断路器、高压隔离开关、高压负荷开关的运行维护。

【项目描述】

　　2009 年×月×日××时×分，某电业有限公司调度室调度员吴某电话命令 35kV 某变电站值班员王某，将该站 107 线路由运行状态转为检修状态。王某接到调度命令后，即与同班的值班员何某商量决定，电气操作票由何某填写并担任监护人，电气操作由王某负责操作。电气操作票填好后，16 时 15 分，王某到操作现场进行操作。当时，何某正在工具柜处拿接地线、验电器和绝缘工具，而王某在没有按照规定对电气操作票进行预演和复诵的情况下便执行操作，且只凭指示灯不亮就确定 107DL 断路器处于断开的情况下，就拉 1071 隔离开关，在拉 1071 隔离开关时，1071 隔离开关触头出现了较大的电弧，引起了 2 # 主变和 103、106 断路器跳闸，从而发生了带负荷拉隔离刀闸的恶性误操作事故。事故发生后，该电业有限公司及时组织有关人员对事故现场进行处理。16 时 25 分，恢复 2# 主变供电；19 时 36 分，恢复了 103 和 107 线路供电，试分析事故发生的原因。

任务一　高压断路器运行与维护

一、高压断路器的作用和基本结构

　　高压断路器是指额定电压在 3kV 及以上能关合、承载、开断运行回路正常电流，同时也能在规定时间内关合、承载及开断规定的过载电流（包括短路电流）的高压开关设备。

　　高压断路器是电力系统中最重要的控制和保护电器。无论被控制电器处在何种工作状态，例如空载、负载或断路故障状态，断路器在继电保护的配合下都应可靠地动作，也就是说，高压断路器在正常时接通和断开电路；故障时，与继电保护装置相配合，断开故障线路部分，从而保证非故障部分的正常运行。

高压断路器的类型很多，但就其结构来讲，都是由开断元件、支撑绝缘元件、传动元件、基座和操动机构五个部分组成，如图2-1所示。在上述五个组成部分中，其中开断元件是断路器的核心，它包括断路器的动、静触头和导电回路及灭弧室等。断路器的控制、保护等任务都需要由它来完成。其他组成部分都是配合开断元件，为完成上述任务而设置的。开断元件一般安装在绝缘支柱上，是处于高电位的触头与绝缘支柱连接安装在基座上构成与地的绝缘。

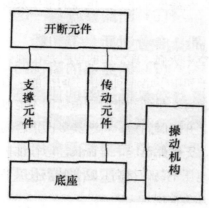

图 2-1　断路器组成的逻辑框图

二、高压断路器的基本类型和特点

根据断路器安装地点，可分为户内和户外两种。根据断路器使用的灭弧介质，可分为以下几种类型。

（一）油断路器

油断路器是以绝缘油为灭弧介质，可分为多油断路器和少油断路器。在多油断路器中，油不仅作为灭弧介质，而且还作为绝缘介质，因此用油量多、体积大。在少油断路器中，油只作为灭弧介质，因此用油量少、体积小。目前在发电厂和变电所中，油断路器已很少采用，逐渐被其他断路器所替代。

（二）压缩空气断路器

压缩空气断路器以压缩空气作为灭弧介质，靠压缩空气吹动电弧使之冷却，在电弧达到零值时，迅速将弧道中的离子吹走或使之复合而实现灭弧。空气断路器开断能力强，开断时间短，空气介质防火、防爆、无毒、无腐蚀性，检修方便。但空气断路器结构复杂，工艺要求高，有色金属消耗多，运行时噪声大，且需要专门的压缩空气系统，因此空气断路器已很少采用，逐渐被其他断路器所替代。

（三）SF₆（六氟化硫）断路器

SF₆断路器采用具有优良灭弧能力和绝缘能力的 SF₆ 气体作为灭弧介质，具有断口电压高、开断能力强、动作快、开断对触头损耗小、体积小、单压式结构简单、检修周期长等优点。但对制造工艺和材料要求高，对密封要求严格。

近年来 SF₆ 断路器发展很快，在高压和超高压系统中得到广泛应用。尤其以 SF₆ 断路器为主体的封闭式组合电器，是高压和超高压电器的重要发展方向。

（四）真空断路器

真空断路器是在高度真空中灭弧。真空中的电弧是在触头分离时电极蒸发出来的金属蒸气中形成的，电弧中的离子和电子迅速向周围空间扩散，当电弧电流达到零值，触头间的粒子因扩散而消失的数量超过产生的数量时，电弧即不能维持而熄灭。

真空断路器开断能力强，开断时间短，可连续多次重合闸及频繁操作，其体积小，占用面积小，无噪声，无污染，无爆炸可能，寿命长，运行维护简单，检修周期长，检修时不需要检修灭弧室，但断口电压不易做得高。这些特点使其特别适用于 35kV 及以下的户内配电装置，并可作为负荷开关使用。

此外，还有磁吹断路器和自产气断路器，它们具有防火防爆、使用方便等优点。但是一般额定电压不高，开断能力不大，主要用作配电用断路器。

三、高压断路器的技术参数及型号

（一）高压断路器技术参数

1. 额定电压

额定电压表示断路器在运行中长期承受的系统最高电压，断路器的额定电压应等于或大于系统最高电压。交流高压断路器的额定电压（即最高工作电压）如下：3.6kV、7.2 kV、12kV、（11.5kV）、24kV、40.5kV、72.5kV、126kV、252kV、（245kV）、363kV、550kV。额定电压的大小影响断路器的绝缘水平和外形尺寸。

2. 额定电流

额定电流是指在额定频率下长期通过断路器且使断路器无损伤、各部件发热不超过最高允许发热温度的电流。我国规定断路器的额定电流如下：200A、400A、630A、（1000A）、1250A、（1500A）、1600A、2000A、3150A、4000A、5000A、6300A、8000A、10000A、12500A、16000A、20000A。额定电流大小决定断路器导电部分和触头尺寸及结构。

3. 额定开断电流

在额定电压下，能保证正常开断的最大短路电流称为额定开断电流。它是反映断路器开断能力的重要参数。我国规定的额定短路开断电流如下：1.6kA、3.1kA5、6.3kA、8kA、10kA、12.5kA、16kA、20kA、25kA、31.5kA、40kA、50kA、63kA、80kA、100kA 等。

4．额定短路关合电流

当断路器关合存在预伏故障的设备或线路时，在动、静触头尚未接触前相距几毫米时，触头间隙发生预击穿，随之出现短路电流，给断路器的关合造成阻力，影响动触头合闸速度及触头接触压力，甚至出现触头弹跳、熔焊或严重烧损，严重时会引起断路器爆炸。

额定短路关合电流是指断路器在额定电压下能接通的最大短路电流峰值，制造厂家对关合电流一般取额定短路开断电流的 2.55 倍。断路器关合短路电流的能力既与灭弧装置的性能有关，又与操动机构的合闸动力有关。

5．额定短时耐受电流及其持续时间

额定短时耐受电流又称为热稳定电流，指在某一规定时间内，断路器在合闸位置时承受的短路电流有效值。其持续时间额定值在 110kV 及以下为 4s，220kV 及以上为 2s。额定短时耐受电流等于额定开断电流。短时耐受电流反映断路器承受短路电流热效应的能力，它将影响断路器导电部分和触头的结构及尺寸。

6．额定峰值耐受电流

峰值耐受电流又称为动稳定电流，指断路器在合闸位置时，所能承受的最大峰值电流。额定峰值耐受电流等于额定短路关合电流。峰值耐受电流反映断路器承受短路电流电动力作用的能力，它决定了断路器导电部分及支持部分的机械强度及触头的结构形式。

7．开断时间

开断时间又称为全开断时间，指断路器接到分闸命令起到三相电弧完全熄灭为止的时间。全开断时间为固有分闸时间和燃弧时间之和。固有分闸时间指断路器接到分闸命令起到首先分离相触头刚分开为止的时间；燃弧时间指首先分离相起弧瞬间到三相电弧完全熄灭为止的时间。开断时间是反映断路器开断过程快慢的主要参数，为减小短路故障对电力系统的危害，开断时间越短越好。

8．合闸时间

合闸时间指断路器接到合闸命令起到各相触头均接触为止的时间。合闸时间的长短取决于断路器操动机构及中间机构的机械特性。

9．额定操作顺序

装设在送、配电线路上的高压断路器，如果配有"自动重合闸装置"，必能明显地提高供电可靠性，但断路器实现自动重合闸的工作条件比较复杂。这是因为自动重合闸不成功时，断路器必须连续两次跳闸灭弧，两次跳闸之间还必须关合于短路故障。因此，要求高压断路器满足自动重合闸的操作循环，即进行下列试验：

$$分—\theta—合分—t—合分$$

式中　　θ——断路器切断短路故障后，从电弧熄灭时刻起到电路重新接通为止，所经过的时间称为无电流间隔时间，通常为 0.3~1s；

t——强送电时间，通常为 3min。

当线路发生短路时，断路器在继电保护装置作用下自动跳闸，由自动重合闸装置使断路器合闸一次，如果故障还存在，继电保护装置再次动作，作用于断路器跳闸；在调度许可的情况下，经过一定时间（如 3min）后，由值班员手动将断路器合闸，如果故障已消失，则断路器合闸成功，否则，断路器在继电保护装置作用下再次跳闸，手动将断路器合闸失败后，不允许再次合闸。对于重要负荷的供电线路，进行一次强送电是很有必要的。图 2-2 为高压断路器自动重合闸额定操作顺序示意图，其中波形表示短路电流。

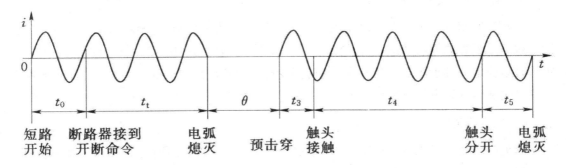

图 2-2　高压断路器自动重合闸额定操作顺序示意图

t_0—继电保护动作时间；t_1—断路器全分闸时间；θ—自动重合闸的无电流间隔时间

t_2—预击穿时间；t_3—金属短接时间；t_4—燃弧时间

（二）高压断路器型号含义

高压断路器型号一般由英文字母和阿拉伯数字组成，表示方法如下：

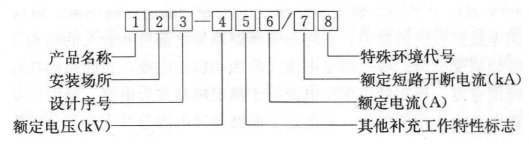

产品名称的字母代号：S—少油断路器，Z—真空断路器，L—SF_6 断路器。安装场所字母代号：N—户内，W—户外。其他工作特性的字母代号：G—改进型，F—分相操作。

例如：型号为 LW6-220/3150-40 的断路器，表示额定电压为 220kV、额定电流为 3150A、额定短路开断电流为 40kA 的户外式 SF_6 断路器。

四、高压断路器的运行

（一）高压断路器满足电网运行的基本要求

1．正常运行条件下的基本要求

（1）长期通过额定负荷电流时，各部件温升不超过允许值。

（2）正常分合操作各种空载、负载电路不应产生危及绝缘的过电压。

（3）分合操作准确、可靠，不应发生拒动、误动现象。

2．短路故障的开断和关合

（1）能可靠开断各种短路（如出口短路故障、异相短路故障等）。

（2）足够的短路故障关合能力。

（3）自动重合闸功能。

（4）故障开断准确快速。

3．其他

（1）足够的机械寿命和电寿命。

（2）维护方便。

（二）为使断路器能安全可靠运行须注意的几点

在电网运行中，高压断路器操作和动作较为频繁。为使断路器能安全可靠运行，保证其性能，必须做到以下几点：

（1）断路器工作条件必须符合制造厂规定的使用条件。如户内或户外、海拔、环境温度、相对湿度等。

（2）断路器的性能必须符合国家标准的要求及有关技术条件的规定。

（3）在正常运行时，断路器的工作电流、最大工作电压和断流容量不得超过额定值。

（4）在满足上述要求的情况下，断路器的瓷件、机构等部分均应处于良好状态。

（5）运行中的断路器，机构的接地应可靠，接触必须良好可靠，防止因接触部位过热而引起断路器事故。

（6）运行中与断路器相连接的汇流排，接触必须良好可靠，防止因接触部位过热而引起断路器事故。

（7）运行中断路器本体、相位油漆及分合闸机械指示等应完好无缺，机构箱及电缆孔洞使用耐火材料封堵。场地周围应清洁。

（8）断路器绝对不允许在带有工作电压时使用手动合闸，或手动就地操作按钮合闸，以避免合于故障时引起断路器爆炸和危及人身安全。

（9）远方和电动操作的断路器禁止使用手动合闸。

（10）明确断路器的允许分、合闸次数，以便很快地决定计划外检修。断路器每次故障跳闸后应进行外部检查，并做记录。

（11）为使断路器运行正常，在下述情况下，断路器严禁投入运行。

1）严禁将有拒跳或合闸不可靠的断路器投入运行。

2）严禁将严重缺油、漏气、漏油及绝缘介质不合格的断路器投入运行。

3）严禁将动作速度、同期、跳合闸时间不合格的断路器投入运行。

4）断路器合闸后，由于各种原因，一相未合闸，应立即拉开断路器，查明原因。缺陷消除前，一般不可进行第二次合闸操作。

（12）对采用空气操作的断路器，其气压应保持在允许的范围内。

（13）多油式断路器的油箱或外壳应有可靠的接地。

（14）少油式断路器外壳均带有工作电压，故运行中值班人员不得任意打开断路器室的门或网状遮栏。

五、高压断路器的维护

断路器在运行时，电气值班人员必须依照现场规程和制度，对断路器进行巡视检查，及时发现缺陷，并尽快设法解除，以保证断路器的安全运行。实践证明，对断路器在运行中巡视检查，特别是对容易造成事故部位如操动机构、出线套管等的巡视检查，大部分缺陷可以被发现。因此，运行中的维护和检查是十分重要的。断路器的正常巡视检查项目主要有以下几个方面。

（一）表计观察

液压机构上都装有压力表，压力表的指示值过低，说明漏气；压力过高则是高压油窜入了气体中。如果液压机构频繁起泵，又看不出什么地方渗油，那说明是内渗，即高压油渗到低压油内。这种情况的处理方法，一是停电进行处理；二是采取措施后带电处理。气动机构一般也有表计监视，机构正常时指示值应在正常范围。

对于SF_6断路器，应定时记录气体压力及温度，及时检查处理漏气现象。当室内的SF_6断路器有气体外泄时，要注意通风，工作人员要有防毒保护。

（二）瓷套管、引线检查

检查断路器的瓷套管、支柱绝缘子应清洁，无裂纹、破损和放电痕迹。

（三）断路器导电回路和各机构的检查

检查导电回路应良好，软铜片连接部分应无断片、断股现象；与断路器连接的接头接触应良好，无过热现象；机构部分检查，紧固件应紧固，转动、传动部分应有润滑油，分、合闸位置指示器应正确；开口销应完整、开口。

（四）真空断路器检查

真空灭弧室应无异常，真空泡应清晰，屏蔽罩内颜色应无变化。在分闸时，弧光呈蓝色为正常。其具体检查内容如下：

（1）断路器分、合位置指示是否正确，其指示应与当时实际运行工况相符。

（2）支持绝缘子有无裂痕、损伤，表面是否光洁。

（3）真空灭弧室有无异常（包括有无异常声响），如果是玻璃外壳可观察屏蔽罩的颜色有无明显变化。

（4）金属框架或底座有无严重锈蚀和变形。

（5）可观察部位的连接螺栓有无松动，轴销有无脱落或变形。

（6）接地是否良好。

（7）引线接触部位有无发红过热现象，引线弛度是否适中。

（五）SF$_6$断路器检查

（1）套管有无脏污，有无破损裂痕及闪络放电现象。

（2）检查连接部分有无过热现象，如有应停电退出，进行消除后方可继续运行。

（3）内部有无异声（漏气声、振动声）、异味。

（4）壳体及操动机构是否完整，不锈蚀；各类配管及其阀门有无损伤、锈蚀，开合位置是否正确，管道的绝缘法兰与绝缘支持是否良好。

（5）断路器分合位置指示是否正确，其指示应与当时实际运行工况相符。

（6）检查 SF$_6$ 气体压力是否保持在额定表压，SF$_6$ 气体压力正常值为 0.4~0.6MPa，如压力下降即表明有漏气现象，应及时查出泄漏位置并进行消除，否则将会危及人身及设备安全。

（7）监视 SF$_6$ 气体中的含水量是否合格，当水分较多时，SF$_6$ 气体会水解成有毒的腐蚀性气体；当水分超过一定量，在温度降低时会凝结成水滴，黏附在绝缘表面。这些都会导致设备腐蚀和绝缘性能降低，因此必须严格控制 SF$_6$ 气体中的含水量。

（六）操动机构的检查

1．弹簧操动机构

（1）机构箱门平整、开启灵活、关闭紧密。

（2）断路器在运行状态，储能电动机的电源开关或熔断器应在投入位置，并不得随意拉开。

（3）检查储能电动机，行程开关触点无卡住和变形，分、合闸线圈无冒烟异味。

（4）断路器在分闸备用状态时，分闸连杆应复归，分闸锁扣到位，合闸弹簧应储能。

（5）防潮加热器良好。

（6）运行中的断路器应每隔 6 个月用万用表检查熔断器情况。

2．液压操动机构

（1）检查项目

1）机构箱门平整、开启灵活、关闭紧密，箱内无异味。

2）油箱油阀正常，无渗漏油。

3）液压指示在允许范围内。

4）加热器正常完好。

5）每天记录油泵启动次数。

（2）运行注意事项

1）经常监视液压机构油泵启动次数，当断路器未进行分、合闸操作时，油泵在 24h 内启动，大多为高压油路渗油，应汇报调度和领导，及时处理。高压油路渗油油压降低至下限，机械压力触点闭锁，断路器将不能操作。

2）液压机构蓄压时间应不大于 5min，在额定油压下，进行一次分、合闸操作油泵运转不大于 3min。

3）运行中的断路器严禁慢分、合闸操作（油压过低或开放高压放油阀将油压释放至零），紧急情况下，在液压正常时，可就地手按分闸按钮进行分闸。

3．电磁操动机构

（1）检查项目

1）机构箱门平整、开启灵活、关闭紧密。

2）分、合闸线圈及合闸接触器线圈无冒烟、无异味。

3）直流电源回路接线端无松动、无铜绿或锈蚀。

（2）运行注意事项

1）严禁用手动杠杆和千斤顶的办法带电进行合闸操作。

2）以硅整流作电磁操动机构合闸电源，合闸电源应符合要求。

除上述正常巡视检查外，高压断路器还需在以下场合进行特殊性巡视检查，具体检查内容如下：

1）在系统或线路发生事故使断路器跳闸后，应对断路器进行下列检查。

①检查有无喷油现象，油色和油位是否正常。

②检查油箱有无变形等现象。

③检查各部位有无松动、损坏，瓷件是否断裂等。

④检查各引线接点有无发热、熔化等。

2）高峰负荷时应检查各部位是否发热变色、示温片熔化脱落。

3）天气突变、气温骤降时，应检查油位是否正常，连接导线是否紧密等。

4）下雪天应观察各接头处有无融雪现象，以便发现接头发热的情况。雪天、浓雾天气，应检查套管有无严重放电闪络现象。

5）雷雨、大风过后，应检查套管瓷件有无闪络痕迹，室外断路器上有无杂物，导线有无断股或松股现象。

（七）断路器拒分的电气故障和处理

当发生故障时，保护装置动作，而断路器拒分，从而发生远后备保护装置动作，导致越级跳闸，扩大停电范围。常见断路器拒分电气故障原因如下：

1．断路器分闸线圈失压或欠压故障

（1）控制回路熔体熔断

除熔体选择、安装、运行等自身原因外，因控制回路中电压线圈匝间短路、分压元件短路、发生电源正负极两点接地短路等，都会导致熔体熔断。操动机构控制回路因熔体熔断而无直流电源，使操动机构不能分闸。

【处理方法】检查熔体熔断的原因，必要时更换熔体。

（2）分闸线圈回路断路或接点接触不良。

（3）电源电压过低。

（4）控制回路两点接地故障。

2．断路器分闸线圈故障

（1）分闸线圈断线。

（2）分闸线圈匝间短路。

（3）分闸线圈最低动作电压整定过高。

（4）分闸线圈烧毁。

3．断路器分闸铁芯故。

（1）电磁操动机构分闸铁芯上移后不复位故障。

（2）分闸铁芯卡涩故障。

（八）断路器拒合的电气故障处理

断路器拒合是发电厂、变电站常见的故障之一，输电线路或其他设备常因断路器拒合而延误送电，造成不应有的损失。断路器拒合和拒分很类似，同样存在机械故障和电气故障。常见断路器拒合电气故障如下：

（1）直流电源电压过高或过低。

（2）断路器控制回路故障。

（3）合闸回路故障。

（4）断路器合闸铁芯动作失灵故障。

（九）断路器误跳的原因和处理

运行中的断路器在线路或设备未发生短路故障时而突然跳闸，称为误跳闸。究其原因，可谓有简有繁，运行人员有时很容易查找故障原因，有时却难以查出误跳原因，有时重新合闸后又一切正常。但现场运行人员查不出原因的误跳却时有发生。

1．断路器误跳的原因

造成断路器误跳的原因如下：

（1）操作人员误碰或错误操作断路器操作机构。

（2）断路器跳闸机构故障。

1）断路器跳闸挂扣滑脱。

2）断路器跳闸线圈最低动作电压整定过低。

（3）直流控制回路短路故障。

（4）继电保护装置误动。①保护装置整定不当。②保护装置误动的部分内、外原因。因继电保护装置本身质量原因问题，使继电器的动作值发生变化；因误碰、震动、环境温度变化使继电器误启动；或因保护装置工作环境差，如空气中有灰尘、腐蚀性气体等可能致使继电器触点接触不良，引起保护拒动、跳闸闭锁装置失灵、保护误动作。这主要有互感器回路故障，以及保护出口继电器线圈正电源侧接地故障。

2．运行中的断路器巡视检查项目

（1）本体各部件完整无损伤，分合闸指示正确。

（2）套管清洁无破损及放电痕迹，引出线接触良好。

（3）气压正常无漏气（0.4~0.55MPa之间），油压正常。

（4）机械传动装置完整，各部件销子无松脱。

（5）控制箱完好，分合闸线圈及接触器完好。

（6）控制电源正常，低压控制电缆完好无破损；

（7）控制回路完好。

3．操作提示

（1）操作前应认真核对断路器名称及编号。

（2）正常情况下断路器应远控分合，禁止进行现场操作。

（3）禁止使用故障断路器分合负荷电流。

（4）操作后应立即现场检查断路器实际位置。

任务二 高压隔离开关运行与维护

隔离开关又名隔离刀闸，是高压电器中的一种开关设备。因为它没有专门的灭弧结构，所以不能用来切断负荷电流和短路电流，只能在电路开断或关合过程中无电流或接近无电流的情况下开断和关合电路，而且一般对隔离开关动触头的开断和关合速度没有规定。隔离开关使用时应与断路器配合，只有在断路器断开电路后才能进行操作。

一、高压隔离开关的作用

（一）隔离电源

在电气设备检修时，用隔离开关将需要检修的电气设备与带电的电网隔离，形成明显可见的断开点，以保证检修工作人员和设备的安全。

（二）倒闸操作（切换电路）

在双母线接线形式的电气主接线中，利用与母线相连接的隔离开关将电气设备或供电线路从一组母线切换到另一组母线上去。

（三）拉、合无电流或微小电流的电路

（1）拉、合电压互感器、避雷器电路。

（2）拉、合母线和直接与母线相连接设备的电容电流。

（3）拉、合励磁电流小于 2A 的空载变压器（电压 35kV、容量为 1000kVA 及以下；电压 110kV、容量为 3200kVA 及以下）。

（4）拉、合电容电流不超过 5A 的空载线路（电压 10kV、长度 5km 及以下的架空线路；电压 35kV、长度 10km 及以下的架空线路）。

二、高压隔离开关的基本要求和结构

（一）隔离开关的基本要求

（1）隔离开关分开后应具有明显的断开点，易于鉴别设备是否与电网隔开。

（2）隔离开关断开点之间应有足够的绝缘距离，以保证在过电压及相间闪络的情况下，不引起击穿而危及工作人员的安全。

（3）隔离开关应具有足够的热稳定性、动稳定性、机械强度和绝缘强度。

（4）隔离开关在分、合闸时的同期性要好，要有最佳的分、合闸速度，以尽可能降低操作时过电压。

（5）结构简单，动作要可靠。

（6）带有接地开关的隔离开关，必须装设联锁机构，以保证隔离开关的正确操作。即停电时先断开隔离开关，后闭合接地开关；送电时先断开接地开关，后闭合隔离开关。

（二）高压隔离开关的基本结构

高压隔离开关主要由以下几个部分组成。

1．导电部分

导电部分是主要起传导电路中的电流，关合和开断电路的作用，包括触头、闸刀、接线座。

2．绝缘部分

绝缘部分主要起绝缘作用，实现带电部分和接地部分的绝缘，包括支持绝缘子和操作绝缘子。

3．传动机构

它的作用是接受操动机构的力矩，并通过拐臂、连杆、轴齿或是操作绝缘子，将运动传动给触头，以完成高压隔离开关的分、合闸动作。

4．操动机构

通过手动、电动、气动、液压向高压隔离开关的动作提供能源。

5．支持底座

该部分的作用是起支持和固定作用，其将导电部分、绝缘子、传动机构、操动机构等固定为一体，并使其固定在基础上。

三、高压隔离开关的类型

高压隔离开关的类型很多，可按不同的原则进行分类，主要有以下几种：

（1）按安装地点可分为户内式和户外式。

（2）按绝缘支柱的数目可分为单柱式、双柱式和三柱式。

（3）按极数可分为单极和三极。

（4）按有无接地开关可分为带接地开关和不带接地开关。

（5）按用途可分为一般用、快速跳闸用和变压器中性点接地用等。

（6）按隔离开关配用的操动机构可分为手动、电动和气动操作等类型。

四、高压隔离开关的技术参数及型号

（一）高压隔离开关技术参数

（1）额定电压（kV）。额定电压指高压隔离开关长期运行时承受的工作电压。

（2）最高工作电压（kV）。最高工作电压是指由于电网电压的波动，高压隔离开关所能承受的超过额定电压的电压。它不仅决定了高压隔离开关的绝缘要求，而且在相当程度上决定了高压隔离开关的外部尺寸。

（3）额定电流（A）。额定电流指高压隔离开关可以长期通过的工作电流，即长期通过该电流，高压隔离开关各部分的发热不超过允许值。

（4）热稳定电流（kA）。热稳定电流指高压隔离开关在某一规定的时间内，允许通过的最大电流。它表明了高压隔离开关承受短路电流热稳定的能力。

（5）极限通过电流峰值（kA）。极限通过电流峰值指高压隔离开关所能承受的瞬时冲击短路电流。该值与高压隔离开关各部分的机械强度有关。

（二）高压隔离开关型号含义

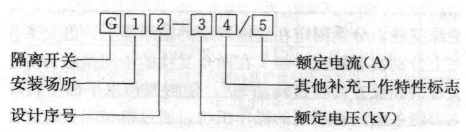

安装场所字母代号：N—户内，W—户外；其他补充工作特性的字母代号：T—统一设计，G—改进型，D—带接地刀闸，K—快分型，C—瓷套管出线。

五、高压隔离开关的运行维护

（一）隔离开关的正常运行条件

在电网运行中，为使隔离开关能安全可靠运行，正确动作，保证其性能，必须做到以下几点：

（1）隔离开关工作条件必须符合制造厂规定的使用条件，如户内或户外，海拔高度，环境温度、相对湿度等。

（2）隔离开关的性能必须符合国家标准的要求及有关技术条件规定。

（3）隔离开关在电网中的装设位置必须符合隔离开关技术参数的要求，如额定电压、额定电流等。

（4）隔离开关各参数调整值必须符合制造规定的要求。

（5）隔离开关、机构的接地应可靠，接触必须良好可靠，防止因接触部位过热而引起隔离开关事故。

（6）与隔离开关相连接的回流排接触必须良好可靠，防止因接触部位过热而引起隔离开关事故。

（7）隔离开关本体、相位油漆及分、合闸机械指示等应完好无缺，机构箱及电缆孔洞使用耐火材料封堵，场地周围应清洁。

（8）在满足上述要求的情况下，隔离开关的瓷件、机构等部分应处于良好状态。

（二）隔离开关巡视与检查

隔离开关及其操动机构在运行时除要满足正常情况下的巡视检查项目和标准外，还要在恶劣气候、异常运行等特殊情况下确定特殊巡视项目，对各种值班方式下的巡视时间、次数、内容，也应做出明确的规定。

1．隔离开关正常巡视

（1）标志牌：名称、编号齐全、完好。

（2）绝缘子：清洁，无破裂、无损伤放电现象；防污闪措施完好。

（3）导电部分：触头接触良好，无过热、变色及移位等异常现象；动触头的偏斜不大于规定数值。触点压接良好，无过热现象，引线弛度适中。

（4）传动连杆、拐臂：连杆无弯曲、连接无松动、无锈蚀，开口销齐全；轴销无变位脱落、无锈蚀、润滑良好；金属部件无锈蚀，无鸟巢。

（5）法兰连接：无裂痕，连接螺丝无松动、锈蚀、变形。

（6）接地开关：位置正确，弹簧无断股、闭锁良好，接地杆的高度不超过规定数值；接地引下线完整可靠接地。

（7）闭锁装置：机械闭锁装置完好、齐全，无锈蚀变形。

（8）操动机构：密封良好，无受潮。

（9）接地：应有明显的接地点，且标志色醒目。螺栓压接良好，无锈蚀。

2．隔离开关特殊巡视

设备新投运及大修后，巡视周期相应缩短，72h 以后转入正常巡视；遇到下列情况，应对设备进行特殊巡视。

（1）设备负荷有显著增加。

（2）设备经过检修、改造或长期停用后重新投入系统运行。

（3）设备缺陷近期有发展。

（4）恶劣气候、事故跳闸和设备运行中发现可疑现象。

（5）法定节假日和上级通知有重要供电任务期间。

3．特殊巡视项目

（1）大风天气。检查引线摆动情况及有无搭挂杂物。

（2）雷雨天气。检查瓷套管有无放电闪络现象。

（3）大雾天气。检查瓷套管有无放电、打火现象，重点监视污秽瓷质部分。

（4）大雪天气。根据积雪溶化情况，检查接头发热部位，及时处理悬冰。

（5）节假日时。监视负荷及增加巡视次数。

（6）高峰负荷期间。增加巡视次数，监视设备温度，触头、引线接头，特别是限流元件接头有无过热现象，设备有无异常声音。

（7）短路故障跳闸后。检查隔离开关的位置是否正确，各附件有无变形，触头、引线接头有无过热、松动现象。

（8）严重污秽地区。检查瓷质绝缘的积污程度，有无放电、爬电、电晕等异常现象。

4．隔离开关故障现象

（1）隔离开关触头发热烧损。

（2）隔离开关拉合困难。

（3）隔离开关瓷瓶断裂。

（4）隔离开关锈蚀。

任务三　高压负荷开关运行与维护

一、高压负荷开关的作用和结构要求

（一）高压负荷开关的作用

高压负荷开关主要用来接通和断开正常工作电流，带有热脱扣器的负荷开关还具有过载保护性能，但本身不能开断短路电流。35kV 及以下通用型负荷开关具有以下开断和关合能力：

（1）开断不大于其额定电流的有功负荷电流和闭环电流。

（2）开断不大于 10A 的电缆电容电流或限定长度的架空线充电电流。

（3）开断 1250kVA（有些可达 1600kVA）及以下变压器的空载电流。

（4）关合不大于其额定短路关合电流的短路电流。

可见，负荷开关的作用处于断路器和隔离开关之间。多数负荷开关实际上是由隔离开关和简单的灭弧装置组合而成，但灭弧能力是根据通、断的负荷电流，而不是根据短路电流设计；也有少数负荷开关不带隔离开关。通常负荷开关与熔断器配合使用，若制成带有熔断器的负荷开关，可以代替断路器，而且具有结构简单、动作可靠、造价低廉等优点，所以被广泛应用于 10kV 及以下小功率的电路中，作为手动控制设备。

（二）高压负荷开关的结构要求

高压负荷开关在结构上应满足的要求如下：

（1）要有明显可见的间隙。负荷开关在分闸位置时要有明显可见的间隙。这样，负荷开关前面就无需串联隔离开关，在检修电气设备时，只要开断负荷开关即可。

（2）经受开断次数要多。负荷开关要能经受尽可能多的开断次数，无需检修触头和调换灭弧室装置的组成元件。

（3）要能关合短路电流。负荷开关虽然不要求开断短路电流，但要能关合短路电流，并承受短路电流的动稳定性和热稳定性的要求（对负荷开关——熔断器组合电器无此要求）。

现代负荷开关有两个明显的特点：一是具有三工位，即合闸—分闸—接地；二是灭弧与载流分开，灭弧系统不承受动热稳定电流，而载流系统不参与灭弧。

二、高压负荷开关的类型

（1）负荷开关按安装地点可分为户内式和户外式两类。

（2）按是否带有熔断器，可分为不带熔断器和带有熔断器两类。

（3）按灭弧原理和灭弧介质可分为：①固体产气式。利用电弧能量使固体产气材料产生气体来吹弧，使电弧熄灭；②压气式。利用活塞压气作用产生气吹使电弧熄灭，其气体可以是空气或 SF_6 气体；③油浸式。与油断路器类似；④真空式。与真空断路器类似，但选用截流值较小的触头材料；⑤SF_6式。在 SF_6 气体中灭弧。

三、高压负荷开关的型号

高压负荷开关的型号含义如下：

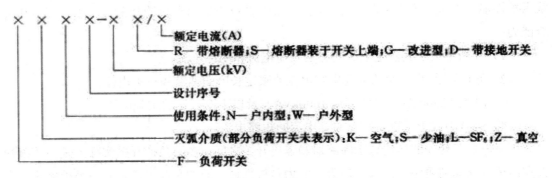

四、高压负荷开关的运行维护

（一）负荷开关巡视检查的内容

（1）观察有关的仪表指示应正常，以确定负荷开关现在的工作条件正常。如果负荷开关的回路上装有电流表，则可知道该开关是在轻负荷还是重负荷，甚至是过负荷运行；

如果有电压表指示母线电压，则可知道该开关是在额定电压下还是在过电压下运行。这都是该开关的实际运行条件，它直接影响到负荷开关的工作状态。

（2）运行中的负荷开关应无异常声响，如滋火声、放电声、过大的振动声等。

（3）运行中的负荷开关应无异常气味。如绝缘漆或塑料护套挥发出气味，就说明与负荷开关连接的母线在连接点附近过热。

（4）连接点应无腐蚀、无过热变色现象。

（5）动、静触头的工作状态到位。在合闸位置应接触良好，切、釜深度适当，无侧击；在分闸位置时，分开的垂直距离应合乎要求。

（6）灭弧装置、喷嘴无异常。

（7）绝缘子完好，无闪络放电痕迹。

（8）传动机构和操动机构的零部件完整且连接件紧固，操动机构的分合指示应与负荷开关的实际工作位置一致。

（二）负荷开关的巡视检查和维护注意事项

（1）投入运行前，应将绝缘子擦拭干净，并检查有无裂纹和损坏，绝缘是否良好。

（2）检查并拧紧紧固件，以防在多次操作后松动。负荷开关的操作一般比较频繁，在运行中要保持各传动部件的润滑良好，防止生绣，并经常检查连接螺栓有无松动现象。

（3）检查操动机构有无卡住、呆滞现象。合闸时三相触头是否同期接触，其中心有无偏移现象。分闸时，刀开关张开角度应大于58°，断开时应有明显可见的断开点。

（4）定期检查灭弧腔的完好情况。因为负荷开关操作到一定次数后，灭弧腔将逐渐损坏，使灭弧能力降低，甚至不能灭弧，如不及时发现和更换，将会造成接地甚至相间短路等严重事故。

（5）对油浸式负荷开关要检查油面，缺油时要及时加油，以防操作时引起爆炸。

（6）当负荷开关操作次数达到规定的限度时，应进行检修。

任务四 高压开关设备常见故障处理

一、高压断路器的故障处理

断路器运行中，如发现异常，应尽快处理，否则有可能发展成为事故。

（一）SF_6断路器的常见故障及其处理原则

1. SF_6断路器气体压力异常或本体严重漏气故障

可能的原因有：密封面紧固螺栓松动；焊缝渗漏；压力表渗漏；瓷套管破损。相应处理方法是：紧固螺栓或更换密封件；补焊、刷漆；更换压力表；更换新瓷套管。若在运行中发现压力降低报警，应加强监视或闭锁断路器，不得操作该断路器，并及时汇报调度，申请维修部门进行处理。

2．SF₆断路器本体绝缘不良，放电闪络故障

可能的原因有：瓷套管严重污秽，瓷套管炸裂或绝缘不良。相应处理方法是：清理污秽及其异物，更换合格瓷套管。

3．SF₆断路器爆炸和气体外逸故障

SF₆断路器发生意外爆炸事故或严重漏气导致气体外逸时，值班人员接近设备需要谨慎，尽量选择从上风向接近设备，并立即投入全部通风装置。在事故后15min以内，人员不准进入室内；在15min以后、4h以内，任何人进入室内时，都必须穿防护衣、戴防毒面具。若故障时有人被外逸气体侵袭，应立即清洗后送医院治疗。

4．断路器控制回路断线

检查断路器本体分合闸线圈是否正常，保护护内位置继电器是否正常，保护柜内直流供电是否正常。

（二）真空断路器的常见故障及其处理原则

1．真空断路器灭弧室真空度降低

真空断路器是利用真空的高介质强度灭弧。真空度必须保证在0.0133 Pa以上，才能可靠地运行。若低于此真空度，则不能灭弧。由于现场测量真空度非常困难，因此一般均以工频耐压试验合格为标准。正常巡视检查时要注意屏蔽罩的颜色有无异常变化。特别要注意断路器分闸时的弧光颜色，真空度正常情况下弧光呈微蓝色，真空度降低则变为橙红色。这时应及时更换真空灭弧室。造成真空断路器真空度降低的主要原因有以下几方面。

（1）使用材料气密情况不良。

（2）金属波纹管密封质量不良。

（3）在调试过程中，行程超过波纹管的范围，或超程过大，受冲击力太大。

当真空灭弧室真空度降低到一定数值时将会影响它的开断能力和耐压水平。因此，必须定期检查真空灭弧管内的真空度是否满足要求。《电力安全工作规程》规定，在大、小修时要测量真空灭弧室的真空度。

2．真空断路器灭弧室内有异常

真空断路器跳闸，真空泡破损，或检查断路器仍有电流指示，应穿绝缘鞋和戴好绝缘手套至现场检查设备。若真空确已损坏，应汇报调度，拉开断路器电源，将故障设备停电后方允许退出运行。不允许直接拖出故障断路器手车。

3．真空断路器接触电阻增大

真空灭弧室的触头接触面在经过多次开断电流后会逐渐被电磨损，导致接触电阻增大，这对开断性能和导电性能都会产生不利影响。因此，《电力安全工作规程》规定要测量导电回路电阻。处理方法是：对接触电阻明显增大的，除要进行触头调节外，还应检测真空灭弧室的真空度，必要时更换相应的灭弧室。

4．真空断路器拒动现象

在真空断路器检修和运行过程中，有时会出现不能正常合闸或分闸的现象，称为拒动现象。当发生拒动现象时，首先要分析拒动的原因，然后针对拒动的原因进行处理。分析的基本思路是先找控制回路，若确定控制回路无异常，再在断路器方面查找。若断定故障确实出在断路器方面，应将断路器停电进行检修。

5．真空断路器其他故障

（1）当真空断路器灭弧室发出"嗞嗞"声时，可判断为内部真空损坏，此时值班人员向上汇报，申请停电处理。

（2）发现真空管发热变色时，应加强监视，并进行负荷转移及处理。

（3）当真空断路器开断短路电流次数达到额定次数时，应该解除该断路器的重合闸压板。

二、高压隔离开关故障处理

（一）隔离开关的拒分、拒合

1．隔离开关采用电动操动机构

电动操动机构在拒绝分、合闸时，应当观察接触器动作与否、电动机转动与否、传动机构动作情况等，区分故障范围。若接触器不动作，则属回路不通，应做如下检查处理：

（1）首先应核对设备编号，检查操作程序是否有误，如果操作有误，则属操作回路被闭锁，回路不通，应纠正错误的操作。

（2）若不属于误操作，应检查操作电源是否正常，熔断器是否熔断或接触不良。若有问题，处理正常后，继续操作。

（3）若无以上问题，应查明回路中的断点，处理正常后，继续操作。在分闸时，若时间紧迫，可暂以手动使接触器动作，或手动操作拉开隔离开关，由专业人员进行检修。

若接触器已动作，可能是接触器卡滞或接触不良，也可能是电动机有问题；若测量电动机接线端子电压不正常，则是接触器问题，反之，属电动机问题。这种情况，若不能自行处理或时间紧迫，可用手动操作拉、合隔离开关，汇报领导，安排计划停电检修。

若检查电动机转动，机构因机械卡滞拉不到位，应停止电动机操作。检查电动机是否缺相，三相电源恢复正常后，可以继续操作。如果不是缺相故障，可用手动操作，检查卡滞、别劲的部位。若能排除，可继续操作；若无法排除，不许强行拉开，应改变运行方式，将隔离开关停电检修。

若检查电动机转动，机构因机械卡滞合不上，应暂停操作。先检查接地开关，看是否完全拉开到位，将接地开关拉开到位后，可继续操作。若无上述问题时，应检查电动机是否缺相，三相电源恢复正常以后，可继续操作。如果不是缺相故障，则可检查机械卡滞、别劲的部位，若能排除，可继续操作。若无法排除则应改变运行方式，先恢复供电，汇报领导，停电时由检修人员处理。

2. 隔离开关采用手动操动机构

隔离开关拒合时，首先核对设备编号及操作程序是否有误，检查断路器是否在断开位置。若无上述问题，应检查接地开关是否完全拉开到位。将接地开关拉开以后，可继续操作；检查机械卡滞，别劲的部位，如属于机构不灵活，缺少润滑，可加注机油，多转几次，然后再合闸；如果是传动部分问题，无法自行处理，应改变运行方式，先恢复供电，汇报上级，在隔离开关停电时，由检修人员处理。

隔离开关拒分时，首先核对设备编号，看操作程序是否有误，检查断路器是否在断开位置。若无上述问题，可反复晃动操作手把，检查机械卡滞、别劲的部位。如属于机构不灵活，缺少润滑，可加注机油，多转动几次，拉开隔离开关；如果抵抗力在隔离开关的接触部位或主导流部位时，不许强行拉开，应改变运行方式，将故障隔离开关停电检修。

3. 隔离开关不能合闸到位或三相不同期

隔离开关三相不同期时，应拉开重合，反复合几次，操作动作应符合要领，用力要适当。如果无法完全合到位，不能达到三相完全同期，应戴绝缘手套，使用绝缘棒，将隔离开关的三相触头顶到位，汇报领导，安排计划停电检修。

4. 隔离开关电动分、合闸操作时中途自动操作

隔离开关在电动操作中，出现中途自动停止故障时，如果触头之间距离较小，会长时拉弧放电，原因多是操作回路过早断开，回路中有接触不良等引起。

拉隔离开关时，出现中途停止，应迅速手动将隔离开关拉开，由专业人员处理；合隔离开关时，出现中途停止，若时间紧迫必须操作，应迅速手动操作，合上隔离开关，安排计划检修。

（二）隔离开关在运行中发热的故障处理

隔离开关在运行中发热，主要是负荷过重、触头接触不良、操作时没有完全合好等原因所引起的，接触部位发热，使接触电阻增大，氧化加剧，长期发展可能会造成严重故障。因此，正常运行时应按规定巡视检查隔离开关主导流部位的温度不应超过规定值。

1. 运行中检查隔离开关主导流部分有无发热的主要方法

（1）定期用红外测温仪等仪器测量主导流部位、接触部位的温度。

（2）利用雨雪天气检查，如果主导流部位、接触部位有发热情况，则发热的部位有水蒸气、积雪熔化、干燥现象。

（3）利用夜间闭灯巡视检查，可发现接触部位发红、冒火现象。

（4）观察主导流接触部位有无热气上升，或有无氧化加剧情况。

（5）检查各接触部位的金属颜色、气味。接头过热后，金属过热变色，铝会变白，铜会变紫红等。

2. 隔离开关发热的处理方法

（1）母线侧。处理隔离开关发热时，应根据不同的接线方式，分别采取相应的措施。

如果某一母线侧隔离开关发热，可将该线路经倒闸操作，倒至另一组母线上运行。母线停电时，待负荷转移以后，发热的隔离开关便可停电检修。

如果某一母线侧隔离开关发热，母线短时间内无法停电，必须降低负荷，并加强监视。尽量把负荷倒至备用电源带，母线可以停电时，再停电检修发热的隔离开关。

（2）负荷侧。如果是负荷侧（线路侧）隔离开关运行中发热，其处理方法与单母线接线时基本相同，应尽快安排停电检修，维持运行期间，应减小负荷并加强监视。

对于高压室内的发热隔离开关，在维护运行期间，除了减少负荷并加强监视以外，还要采取通风降温措施。

【任务工作单】

任务目标：

对高压断路器、高压隔离开关、高压负荷开关的作用和结构能够进行正确阐述

能够正确完成高压开关设备的运行及故障处理工作

1. 高压断路器的作用和常见类型有哪些？

2. 高压隔离开关的作用有哪些？

3. 高压负荷开关的结构要求有哪些？

4. SF_6 断路器的常见故障及处理原则有哪些？

项目三 电气一次部分运行与维护

【学习目标】

➢ 知道主接线的接线形式，能分析不同主接线方式的运行特点及适用场合。

➢ 能叙述倒闸操作的任务、要求、步骤和一些注意事项。

➢ 能对典型主接线和对典型操作开具倒闸操作票。

➢ 知道厂用电负荷的分类和特点。

➢ 知道厂用电的引接方式及备用方式。

➢ 知道厂用电系统事故处理的原则及规定。

【项目描述】

2007 年×月××日，某县供电企业所管辖的 35kV 变电站，值班人员万某根据本单位检修班填写的作业工作票，按停电操作顺序于 9 时操作完毕，并在操作把手上挂上"有人工作，禁止合闸"的标示牌。12 时，万某与付某交接班，万某口头交待了工作票所列工作任务和注意事项后，又在值班记录填写上"××线有人工作，待工作票交回后再送电"。17 时，付某从外面巡视高压设备区回到值班室，见到一张××线路工作票，以为××线工作已经结束，在没有认真审核工作票、没有填写操作票、没有按操作五制的步骤等一系列违章操作中，于 16 时 36 分将××线恢复送电。此时，检修班人员正在××线上紧张工作着，线路维护工张某在××线路罐头厂配电变压器门型架上作业，其他人员均在变压器周围工作，工作前未挂线路接地线，在付某送上电的一刹那，张某触电，从 5.1m 高的门型架上跌落下来，经抢救无效死亡。付某听说送电电死人后，吓得立即瘫痪在地。待清醒过来，一看那张线路工作票，却原来是昨天（3 月 25 日）已执行过的。

任务一 电气主接线认知

一、电气接线图概述

电气主接线是指由发电机、变压器、断路器及其他一次设备按一定的功能要求，通过母线、导线有机地连接而成，完成电能的生产、汇集和分配任务的电路。使用规定的电气图形符号和文字符号，按实际连接绘制的电路图，称为一次接线图或电气主接线图。

（一）基本要求

1．可靠性

供电可靠性是电力生产和分配的首要要求。电气主接线的可靠性用可靠度表示，即主接线无故障工作时间所占的比例。因设备检修或事故引起的供电中断机会越少、影响范围越小、停电时间越短、停电后恢复供电越快，表明主接线的可靠性越高。

主接线的可靠性与设备的可靠程度、运行管理水平、运行值班人员等因素有密切关系；也与发电厂在系统中的地位和作用，接入电力系统的方式以及所供负荷性质相适应，即与其单机容量、总容量、电压等级、负荷大小和类型等因素相关。主接线的可靠性是相对的。

主接线可靠性的要求主要有以下内容：

（1）断路器检修时，不宜影响供电。

（2）断路器、母线故障、母线隔离开关检修时，尽量减少停运出线回路和停运时间，保证一、二类负荷供电。

（3）尽量减少全厂停运的可能性。

（4）对有大型机组的发电厂，应满足可靠性的特殊要求。对单机容量为 300MW 及以上的发电厂的主接线可靠性的特殊要求如下：

1）任何断路器检修时，不影响对系统的连续供电。

2）任一台断路器检修和另一台断路器故障或拒动相重合时，以及母线分段断路器或母线联络断路器故障或拒动时，一般不应切除两台以上机组和相应的线路。

2．灵活性

（1）调度灵活、操作方便。应灵活地投入、切除机组、变压器或线路，灵活调配电源和负荷，满足系统在各种工况和运行方式下的要求。

（2）检修安全。应方便地停运线路、断路器、母线及继电保护设备，既保证安全检修，又不影响系统的正常运行和用户的供电要求。当主接线较简单时，可能无法满足运行方式的要求；而主接线过于复杂，会增大投资及操作的难度，还可能增大误操作的几率。

（3）扩建方便。设计主接线时，应根据将来有无发展和扩建的可能，考虑是否留有余地；对可能扩建的发电厂，应使初期接线易过渡到最终接线，使扩建时的设备改造最少。

3．经济性

（1）节省投资。主接线应简单清晰，节省断路器及隔离开关等设备的投资，限制短路电流以采用较轻型的断路器及其他一次设备。对 6~10kV 回路，尽量采用质量可靠的简易电器如用熔断器代替断路器；保护方式不宜过于复杂，以利于运行及节省二次设备和电缆投资。

（2）年运行费用小。包括电能损耗、折旧、维护和大修费用。电能损耗主要是变压器的损耗，因此应合理选择主变压器的类型、容量和台数，并避免两次变压增大损耗。

（3）占地面积小。主接线方案要结合配电装置的布置考虑，以节省用地，减少构架、导线、绝缘子的用量和安装费用，尽可能采用三相变压器。

（4）尽可能采取一次设计，分期投资、投产，尽快发挥经济效益。

对在主接线的三个要求中，经济性的要求与可靠性、灵活性这两个技术性要求往往是矛盾的。可靠和灵活的要求都需要增大投资，因而与经济性的要求应进行技术经济的综合考虑，在满足技术要求的前提下，做到经济合理。

（二）作用

电气主接线是发电厂电气设备的主体，反映了电路中各种电气设备的作用、连接方式和回路间的相互关系；反映了发电厂的规模、与电力系统的连接关系及在电力系统中的地位和作用。其设计的合理与否，关系到电气设备的选择，配电装置的布置，继电保护装置、自动装置及控制方式的确定，投资建设的经济合理性及工程建设的扩展性。

（三）基本类型

电气主接线的基本形式分为有母线接线、无母线接线两大类，这两类接线又有多种不同的接线方式。

1. 有母线接线

进出线较多时，为提高供电可靠性，必须使每一回出线能从任一电源获得供电。因此，最好的方法就是采用母线，即电源并不与各个出线直接相连，而是与母线连接把电能送到母线上，各个出线也连接在母线上来获取电能。这样以母线来汇集和分配电能，使整个主接线环节减少，简单清晰，运行方便可靠，也有利于安装和扩建。因此，有母线接线适用于进出线回数较多，且有可能发展扩建的场合。

有母线接线形式使用的开关电器较多，配电装置占地面积较大，投资较大，且母线故障或检修时影响范围较大。

2. 无母线接线

当进出线回数较少或相同时，可采用无母线的接线方式，由发电机、变压器直接和出线相连。无汇流母线的主接线没有母线的中间环节，使用的开关电器少，配电装置占地面积小，投资较少，没有母线故障和检修问题。但其中部分接线形式只适合于进出线回路少且没有扩建可能的场合。

二、电气主接线的基本接线形式

所谓电气主接线的基本形式是指典型的、常用的连接形式，不同的电压等级，主接线的形式也会不一样。

主接线的基本环节有三个：电源（或进线）环节（通常指发电机或变压器）、母线环节和出线（或馈线）环节。与母线相连的某一进、出线回路称为接线单元。基本电气主接线形式如表 3-1 所示。

表 3-1 基本电气主接线形式

有母线的接线形式			无母线的接线形式	
单母线	单母线	单元接线	发电机—变压器单元	
	单母线分段			
	单母线带旁路		发电机—变压器—线路单元	
	单母线分段带旁路			
双母线	双母线		扩大单元	
	双母线分段			
	双母线（分段）带旁路	桥形接线	内桥	
	3/2 断路器接线		外桥	
	变压器—母线组接线	角形接线	三角形、四角形、五角形	

有母线类接线中，电源回路及出线回路的开关电器的配置组合是：一回路（支路）一台断路器，断路器两侧（一侧）配置隔离开关。断路器有完善的灭弧装置，其功能是：①正常情况下接通及断开电路；②事故情况下自动切除故障。隔离开关没有灭弧装置，其功能是对检修的电气设备实施检修隔离及实现倒闸操作。

在有母线类接线中，为了减少母线中功率及电压的损耗，应合理地布置出线和电源的位置，减少功率在母线上的传输。

（一）单母线类接线形式分析

1．单母线接线

（1）接线分析

如图 3-1 所示，当进线和出线回路数不止一回时，为了适应负荷变化和设备检修的需要，使每一回路引出线均能从任一电源取得电能，或任一电源被切除时，能保证供电的可靠性和灵活性，在电源回路和出线回路之间，用一组母线 WB 连接。单母线接线是只有一条汇流母线处于电源进线和出线回路之间的接线形式。

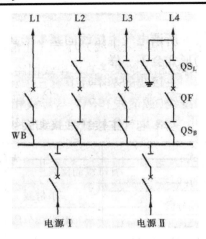

图 3-1 不分段的单母线接线

单母线接线的进、出线回路均装有断路器 QF 和隔离开关 QS。断路器主要作为操作电器和保护电器，在正常或故障情况下接通与断开电路。断路器两侧装有隔离开关，主要用于停电检修断路器时作为明显断开点以隔离电压；靠近母线侧的隔离开关称为母线侧隔离开关 QS_B，靠近出线侧的称为线路侧隔离开关 QS_L。各出线回路输出功率不一定相等，但应尽可能使负荷均衡地分配在母线上，以减少功率在母线上的传输。

电源回路中，断路器发电机侧可不加隔离开关，因其断路器必定在停机状态下检修；对于断路器变压器侧隔离开关的加装，应根据该回路停电后是否须隔离电源来确定。

出线回路中，若线路对侧无电源，则线路侧隔离开关也可省略，如 L1 回路；因隔离开关的投资不大，也可加装，以防止过电压的侵入，更加安全。在线路侧隔离开关 QS_L 的线路侧，通常装有接地开关（接地刀闸），当线路停电之后，合上作为接地线使用。

（2）运行分析

根据断路器和隔离开关的用途，在运行中其操作顺序如下（如 L4 回路）。

1）线路送电操作。线路送电时，先合隔离开关（先合母线侧隔离开关 QS_B，再合线路侧隔离开关 QS_L），再合断路器 QF。

2）线路停电操作。线路停电时则相反，先断开断路器 QF，检查 QF 确实断开，再断开隔离开关（先断开线路侧隔离开关 QS_L、再断开母线侧隔离开关 QS_B）。

实际运行中必须严格遵守上述操作顺序，否则会出现误操作引起严重的短路事故。为了防止误操作，除了严格执行操作票制度，在断路器和隔离开关之间，还应加装防误操作的机械或电气闭锁装置。

出线回路停电操作必须按照断路器、负荷（线路）侧隔离开关、母线侧隔离开关的顺序依次拉开，送电操作与上述相反，按此顺序操作的优点是：

1）停电时先断开线路断路器后断开隔离开关，是因为断路器有灭弧能力而隔离开关没有灭弧能力，必须用断路器来切断负荷电流，若直接用隔离开关来切断电路，则会产生电弧造成短路。

2）停电操作时隔离开关的操作顺序是：先断开负荷侧隔离开关 QS_L，后断开母线侧隔离开关 QS_B。这是因为：若 QF 未断开时 QS_L 带负荷拉闸，将发生电弧短路，由于先断开 QS_L，故障点在线路侧，继电保护装置将跳开断路器 QF，切除故障点，这样只影响到本线路，对其他回路设备（特别是母线）运行影响较小。若先断开母线侧隔离开关 QS_B 后断开负荷侧隔离开关 QS_L，则故障点在母线侧，继电保护装置将跳开与母线相连接的所有电源侧开关，导致全部停电，扩大事故影响范围（带负荷拉闸时，若断路器未断开，则最先分闸点为故障点）。

3）线路送电时，若发生隔离开关带负荷合闸，也可能发生电弧短路，由于 QS_L 后合入，故障点仍在线路侧，同样，继电保护装置可将 QF 自动断开，切除故障点，对其他回路设备运行影响较小（带负荷合闸时，若断路器未断开，则最后合闸点为故障点）。

4）若线路侧故障，继电保护装置或断路器拒动，不能自动切除故障，会引起电源断路器跳闸，造成母线停电。只要拉开该线路母线隔离开关隔离故障点，即可恢复其他部分的供电。

（3）优缺点分析

1）单母线接线的主要优点是接线简单、设备少、操作方便、投资少，便于扩建。

当电压等级为 110kV 及以上时，断路器两侧隔离开关（高型布置时）或出线隔离开关（中型布置时，如图 3-1 中 L4 处所示）应装设接地开关；35kV 及以上母线，每段上也应配置 1~2 组接地开关，用于在检修时的安全接地。

2）单母线接线的主要缺点是可靠性及灵活性较差，体现在：

①母线或母线侧隔离开关发生故障或检修时必须断开全部电源，造成配电装置停电。

②母线和母线侧隔离开关短路，断路器母线侧绝缘套管损坏时，所有电源回路断路器均会因继电保护动作而跳闸，使所有出线在修复期间停电。

③某一电源或出线断路器检修时，必须停止该回路的工作。上述缺点的存在，使得单母线接线无法满足对重要用户连续供电的需要。

（4）适用情况分析

1）单母线接线不能满足对不允许停电的重要用户的供电要求，一般用于 6~220kV 系统，出线回路较少，对供电可靠性要求不高的中、小型发电厂与变电站中。

2）如果采用成套配电装置，由于其工作可靠性高，也可以对重要用户供电，如发电厂的厂用电就常采用单母线接线。

2. 单母线分段接线

（1）接线分析

当引出线数目较多时，为提高供电可靠性，可用断路器将母线分段，成为单母线分段接线，如图 3-2 所示。

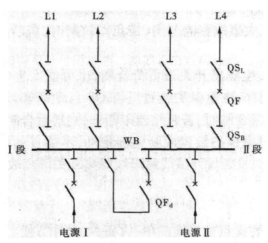

图 3-2　单母线分段接线

在母线的中间装设一台分段断路器 QF_d 时，即把母线分为两段或两段以上供电，QF_d 两侧的隔离开关用于检修 QF_d 时的隔离电压。母线分段的数目取决于电源的数目和功率、电网的接线和电气主接线的工作形式，一般说来，分段的数目与电源数相同，以 2~3 段为宜，且尽量将电源与负荷均衡地分配在各段母线上，以减少各段间的功率交换，重要负荷放于不同段上。分段数越多，故障时停电的范围越小，但使用断路器的数量越多，配电装置和运行也越复杂。对于重要用户，为提高供电可靠性，可采用双回供电线路引接于不同的分段上，由两个电源供电；当可靠性要求不高时，为减少一台分段断路器的投资，可用隔离开关 QS_d 进行分段。

（2）运行分析

该接线方式的基本操作与单母线相同，主要是保证断路器与隔离开关的操作顺序。正常运行时，用 QF_d 分段的接线有两种运行方式：

1）分段断路器 QF_d 闭合运行。正常运行时分段断路器 QF_d 闭合，两个电源分别接在两段母线上，两段母线上的负荷应均匀分配，以使两段母线上的电压均衡。在运行中，当某段母线故障时，母线继电保护动作跳开分段断路器 QF_d 和故障段电源断路器，将故障段隔离，保证非故障段的继续运行，避免了在纯单母线接线中母线故障时全部回路都得停电的情况。两段母线同时故障的概率很小，不到亿分之一，因此全部停电的情况可以不予考虑。有一个电源故障时，仍可以使两段母线都有电，可靠性比较好，但是线路故障时短路电流较大。

2）分段断路器 QF_d 断开运行（有特殊要求时）。正常运行时分段断路器 QF_d 断开，两段母线上的电压可不相同，每个电源只向接至该段母线上的引出线供电。分段断路器除装有继电保护装置外，还应装有备用电源自动投入装置（BZT），或者重要用户可以从两段母线引接采用双回路供电。当某段上的电源回路故障时，该电源回路断路器自动断开，由BZT 自动接通分段断路器 QF_d，即按单母线不分段方式运行，其他电源向该段送电，保证全部出线不断电。这种运行方式可能引起正常运行时两段母线电压不相等，若由两段母线向一个重要用户供电，会给用户带来一些困难。分段断路器断开运行时，还可以起到限制短路电流的作用。

对于采用分段隔离开关的接线方式，两段母线闭合运行时，当某段母线发生故障，仍将造成短时间全部停电。但故障判别后，拉开母线分段隔离开关后，正常母线段可恢复运行。另外，可在不同的时间内进行检修或清扫，此时只停止一段母线运行，另一段母线和电源可继续运行。

（3）优缺点分析

1）优点。具有单母线接线简单、经济、方便、易于扩建的特点，可靠性比纯粹单母线有所提高。

①母线或母线隔离开关发生故障时，仅故障段停电，非故障段可继续工作。

②两段母线可看成是两个独立的电源，提高了供电可靠性，可对重要用户供电。

2）缺点。每个母线段都相当于一个单母线，所以仍有可靠性低的方面。

①当一段母线或任一段母线侧的隔离开关发生故障或检修时，该段母线上所连接的全部引线都要在检修期间长期停电，限制了母线侧故障时的停电范围。

②任一回路断路器检修时，该回路仍必须停止工作。

（4）适用情况分析

单母线分段接线与单母线接线相比提高了供电可靠性和灵活性。但是，当电源容量较大、出线数目较多时，其缺点更加明显。因此，单母线分段接线用于以下方面：

1）用于发电机电压母线时，每段容量为 12MW 及以下。

2）6~10kV 配电装置时，出线回路数为 6 回及以上，每段母线容量不超过 25MW，否则回路数过多，影响供电可靠性。

3）35~63kV 配电装置，出线回路数为 4~8 回为宜。

4）110~220kV 配电装置，出线回路数为 3~4 回为宜。

3．单母线带旁路母线接线

出线断路器故障或检修造成的供电线路停电问题，采用带旁路母线的单母线不分段或分段接线方式可以解决。在线路断路器故障或检修时，可在该断路器的线路侧隔离开关前通过旁路母线接通电源回路，由旁路断路器控制该回路供电。

（1）接线分析

采用专用旁路断路器，如图 3-3 所示，在工作母线外侧增设一组旁路母线 WB_a，旁路母线通过旁路断路器 QF_a 与工作母线连接；每一出线回路在线路隔离开关的线路侧与旁路母线通过旁路隔离开关 QS_a 连接。

如果旁路母线同时与引出线和电源回路连接（虚线部分），则电源回路的断路器可以和本回路的其他设备同时检修。但此时接线比较复杂，将使配电装置布置困难和增加建造费用，所以旁路母线一般只与出线回路连接，即不包括图中虚线部分。

（2）运行分析

1）正常运行时，QF_a 及 QS_a 均断开，QF_a 两侧的隔离开关处于分闸位置，WB_a 不带电，以减少故障可能，为单母线运行方式。

2）当任一出线回路的断路器需要检修时，该回路可经旁路隔离开关 QS_a 绕道旁路母线，再经旁路断路器 QF_a 从工作母线回路取得电源。因此，QF_a 是各出线断路器的备用断路器。

3）例题分析

例如：图 3-3 中，当线路 L1 断路器 1QF 检修时的操作步骤为：

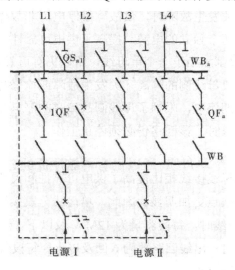

图 3-3 单母线带旁路母线接线

①通 QF_a 两侧的隔离开关。

②投入 QF_a，向 WB_a 充电，检查 WB_a 是否完好。

③若旁母 WB_a 有故障，断路器 QF_a 立即跳开。

④若 WB_a 完好则 QF_a 合好，投入该回路的旁路隔离开关 QS_{a1}（由于 QS_{a1} 两侧处于等电位，允许合上，其余出线与旁路相连的隔离开关都是断开的），则旁路与工作回路实现

并联运行。

⑤断开 1QF，再断开其两侧的隔离开关，这样用旁路断路器代替出线断路器运行，即可检修 1QF。

⑥该线路经母线 WB、旁路断路器 QF$_a$ 回路、旁母 WB$_a$、旁路隔离开关 QS$_{a1}$ 得到供电。

线路断路器 1QF 检修完毕后，恢复 L1 供电的操作步骤为：

➤ 接通 1QF 两侧的隔离开关。

➤ 接通 1QF，使工作回路与旁路回路并联。

➤ 断开旁路断路器 QF$_a$，再断开其两侧隔离开关，出线恢复由工作回路供电。

➤ 断开出线 L1 与旁母相连的旁路隔离开关 QS$_{a1}$，使旁路及旁母退出运行。

（3）优缺点分析

单母线带旁路母线接线具有供电可靠性提高，能保证对重要用户的不间断供电及倒闸操作相对简单的优点；但同时增加了设备，从而增大了投资和占地面积。

4．单母线分段带旁路接线

旁路断路器有专用旁路断路器和兼用旁路断路器两种接线方式。在出线回数不多的场合，专用旁路断路器利用率不高，可采用兼用旁路断路器，即用"分段断路器兼作旁路断路器"或用"旁路断路器兼作分段断路器"。

（1）专用旁路断路器接线

1）接线分析。如图 3-4 所示，旁路母线 WB$_a$ 通过旁路断路器 QF$_a$ 经两组隔离开关与各段母线连接，各出线回路与旁路母线间分别装有旁路隔离开关 QS$_{a1}$、QS$_{a2}$。

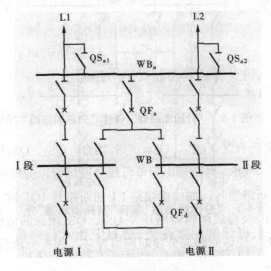

图 3-4 单母线分段带旁路母线接线（专用旁路断路器）

2）运行分析。正常运行时，旁路断路器及其两侧隔离开关是断开的，旁路母线不带电，回路以及旁路母线处于冷备用状态，为单母线分段运行。

当出线回路 L1 的断路器需要检修时，倒闸操作与单母线带旁母类似。首先合上旁路断路器，当旁路母线有故障时，旁路断路器会跳闸，正常状态使旁路母线充电，出线回路与旁路母线间的旁路隔离开关两侧处于等电位，合上该线路侧隔离开关，然后顺序断开线路断路器及线路侧、母线侧隔离开关，这样使 L1 线路由旁路断路器控制送电，其线路断路器退出运行转检修。

采用分段专用旁路断路器的接线形式使供电可靠性有所提高，因为检修期间仍以单母线分段运行。

（2）"分段断路器"兼作"旁路断路器"接线

1）接线分析。为了少用断路器，减少投资，通常采用"分段断路器"兼作"旁路断路器"，如图 3-5 所示。在分段断路器 QF_d 两侧设与旁路母线连接的隔离开关 QS_5、QS_6，在分段工作母线之间再加两组串联的分段隔离开关 QS_1 和 QS_2，各出线仍设旁路母线隔离开关，这样旁路母线可以通过分段断路器及相关隔离开关与各段母线联络获得电源。

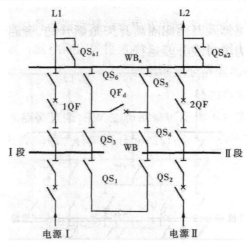

图 3-5　"分段断路器"兼作"旁路断路器"接线

2）运行分析。正常运行时，QF_d、QS_3、QS_4 闭合，QS_5、QS_6 断开，母线分段隔离开关 QS_1、QS_2 断开，QS_{a1}、QS_{a2} 也断开，为单母线分段运行，旁路母线不带电。

当要检修某一出线断路器时，如检修线路 L1 的断路器 1QF 时，其操作步骤如下：

①在分段断路器 QF_d 及母线两侧隔离开关 QS_3、QS_4 闭合的运行机制的情况下，合上分段隔离开关 QS_1、QS_2，使该回路与分段断路器并联，保持分段母线并列运行。

②断开 QF_d 及 QS_4。

③合上 QS_5，再合上 QF_d（此时作旁路断路器），向旁母 WB_a 充电。

④WB_a 充电成功后，合上 QS_{a1}，接通旁路。

⑤断开 1QF 及线路侧、母线侧隔离开关，则 1QF 由运行转检修。

1QF 检修完毕后，恢复 L1 供电的操作步骤请读者自行分析。

3）"分段断路器"兼作"旁路断路器"的其他接线形式。上述接线中，分段隔离开关 QS_1、QS_2 的作用是使上述操作过程中或分段断路器检修时，保持两段母线能并列运行，也可以不设该隔离开关，接线如图 3-6 所示。图 3-6a 是用分段断路器代替出线断路器，旁路运行时，分段母线是分裂运行，图 3-6b、c 的接线作分段断路器正常运行时，旁路母线都带电，故障概率大，但倒闸操作相对简单，作出线断路器时，获得的电源不同。图 3-6b 若再装设两分段侧隔离开关，即成为"旁路断路器"兼作"分段断路器"的接线方式。

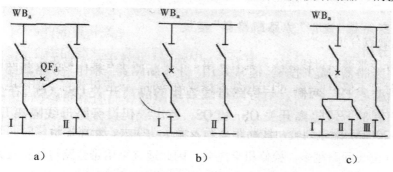

图 3-6 分段断路器兼作旁路断路器（不设分段隔离开关）

a）无分段母线隔离开关；b）、c）旁路母线带电运行

（3）"旁路断路器"兼作"分段断路器"接线

同样为了少用断路器，减少投资，还可采用"旁路断路器"兼作"分段断路器"，如图 3-7 所示。

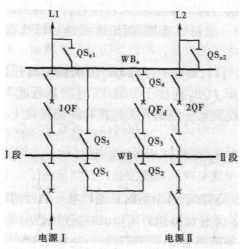

图 3-7 "旁路断路器"兼作"分段断路器"

正常运行时，其分段隔离开关一个闭合、一个断开（或者两个都断开），两段母线通

过旁路断路器 QF_d 及相应隔离开关构成并列运行，QF_d 起分段断路器的作用。这种接线相比分段断路器兼作旁路断路器要节省一组隔离开关。

当要检修某一出线断路器时，如检修线路 L1 的断路器 1QF 时，其操作步骤如下：

1）合上 QS_1、QS_2，使两段母线通过两支路并列。

2）合上该出线与旁路之间的隔离开关 QS_{a1}。

3）断开 QS_5。

4）顺序断开检修线路断路器及线路侧、母线侧隔离开关，旁路断路器作为该出线断路器，即可把 1QF 退出运行进行检修。1QF 检修完毕后，恢复 L1 供电的操作步骤请读者自行分析。

（4）优缺点分析

单母线分段带旁路母线接线，具有简单、清晰，操作方便，易于扩建等优点；当检修出线断路器时可不停电检修。但当母线检修或故障时，该段母线将全部停电。

（5）适用情况分析

1）110~220kV 配电装置，线路距离远、输送功率大、断路器检修时间长，若停电影响范围大，且出线回路越多，检修机会越多，因此适宜采用带旁路母线接线，并优先选用分段兼旁路断路器的接线。但当出线回数增多，应按一定电压等级和负荷性质的具体情况，采用专用旁路断路器的接线方式。

2）35~60kV 可不设旁路母线，因为重要用户多系双回线供电，有可能停电检修断路器。其次，断路器年平均检修时间短，通常为 2~3d。

3）6~10kV 一般不设旁路母线，因为供电负荷小，供电距离短，而且一般可在网络中取得备用电源，同时大多为电缆出线，事故跳闸次数很少。但当地区电网或用户不允许停电时例外。

目前随着断路器制造水平的提高，断路器的可靠性增高，采用带旁路母线的接线方式已逐渐减少。

（二）双母线类接线形式分析

单母线接线形式简单，所用设备少，相对而言可靠性较低。不论是否母线分段，当母线（段）故障或母线隔离开关故障时，接在该母线（段）上的所有回路都必须停电，故障排除后方能恢复供电。这个恢复时间可能很长，显然降低了供电可靠性。

上述问题产生的原因，就在于每个回路只通过唯一的回路连接在唯一的一条母线上。因此，为了解决上述问题，不使部分用户的供电受到限制或中断，保证对无备用电源的重要用户的连续供电，可以增加一条母线，形成双母线接线形式。

1．双母线接线

（1）接线分析

双母线接线有两组工作母线（母线 I 和母线 II），每一电源、出线回路都经两组母线隔离开关和一台断路器分别与两组母线连接。正常运行时，各回路一台隔离开关断开，另一台隔离开关闭合，只与其中一组母线连接，两组母线通过母线联络断路器 QF_j（简称母联断路器）连接。

如图 3-8 所示，正常运行时，母联断路器 QF_j 及两侧隔离开关 QS_{jI}、QS_{jII} 闭合，两母线并列工作。电源 I 通过 1QF、$1QS_I$ 连接于母线 I，电源 II 通过 2QF、$2QS_{II}$ 连接于母线 II；各出线回路分别通过其母线侧某一隔离开关连接在一组母线上，两组母线上的电源、负荷应尽量均匀分配。

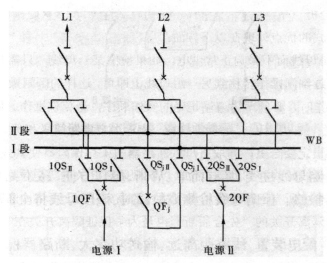

图 3-8　双母线接线

（2）运行分析

运行方式主要有以下三种。

1）一组母线工作、另一组母线备用。假如母线 I 为工作母线，则母线 II 为备用母线。正常运行时，所有电源和引出线与母线 I 连接的隔离开关接通，与母线 II 连接的隔离开关断开，母联断路器断开，备用母线 II 不带电；需要时 I、II 组母线的工作与备用状态可相互转换。这种方式相当于单母线运行，可靠性差，因此仅作为母线或母线侧隔离开关检修（清扫）时采用。

2）两组母线并列运行。正常运行时母联断路器闭合连接两组母线，一个电源和一部分引出线与 I 组母线连接，另一个电源和其他引出线与 II 组母线连接，两组母线均是工作母线。由于母线继电保护的要求，一般把电源和出线均匀分布在两组母线上（功率均匀分配），相当于单母线分段运行。若一组母线检修或发生故障，只会引起接至该组母线上的部分电源和引出线停电，可通过倒闸操作将停电部分转移到另一组母线上，使停电部分恢复供电。

3）两组母线分裂运行，母联断路器断开。实际运行常采用两组母线并列的方式，当任一母线故障时，可以减小停电范围，并可以迅速处理，恢复供电。正常运行时，可合理调配母线负荷。

对"一组母线工作、另一组母线备用"的运行方式，与工作母线相连的隔离开关相当于"母线侧隔离开关"，而与备用母线相连的隔离开关相当于"线路侧隔离开关"，进行倒闸操作时，按照隔离开关的操作顺序进行倒闸操作。对"两组母线并列运行"的运行方式，与两母线相连的隔离开关操作时顺序没有要求。

（3）优缺点分析

双母线接线方式的优点体现在以下方面：

1）可轮流检修母线而不影响正常供电。如果检修某一母线，只需将要检修的那组母线上的全部回路通过倒闸操作转移到另一组母线上即可，这样的倒闸操作称为"倒母线"。进行"倒母线"操作时，必须严格遵循正确的操作顺序，避免误操作。倒母线操作的基本原则是：

①母联断路器一定要合上，并取下母联断路器的操作保险，使其成为一"死开关"，以保证操作中两条母线始终并列为等电位，以实现隔离开关的等电位切换。

②必须先依次合上所有回路与备用母线相连的隔离开关，再依次断开与工作母线相连的隔离开关。这里隔离开关的"先合后断"也是为了保证隔离开关在等电位下进行操作，不会产生电弧。

例如：当采用第一种工作、备用方式运行时，为了检修工作母线 I，须将母线 II 由备用转工作，母线 I 由工作转备用，则具体的操作步骤如下：

①合上母联隔离开关 QS_{j1}、$QS_{j\text{II}}$，再合上母联断路器 QF_j，向备用母线 II 充电，检验母线 II 是否完好。若母线 II 存在短路故障，则 QF_j 立即跳闸。

②当母线 II 完好时，合上 QF_j 不跳闸，再断开 QF_j 的控制回路电源，防止 QF_j 误跳开。

③依次合上各个回路接在母线 II 侧的隔离开关，再依次断开各回路接在母线 I 侧的隔离开关。

④投入 QF_j 的控制电源，断开 QF_j，断开母联隔离开关 QS_{j1}、$QS_{j\text{II}}$，原工作母线便退出工作，可以进行检修。

2）检修任一母线侧隔离开关时，只影响该回路供电。在母线 I 工作、母线 II 备用时，需要检修电源母线 I 侧隔离开关 $1QS_I$，只需断开该回路及与此隔离开关相连接的母线 I，将电源和其余全部出线通过"倒母线"操作转移到母线 II 上工作，再断开 QF_j，该隔离开关就可进行停电检修。具体的操作步骤如下：

①断开 1QF、断开 $1QS_I$。

②将电源Ⅱ和全部引出线倒换到母线Ⅱ上工作（具体操作参照前面的操作步骤）。母线Ⅰ已转为备用（不带电），$1QS_{II}$ 原来为断开状态，故 $1QS_I$ 两侧无电压，做好安全措施就可进行 $1QS_I$ 的检修工作。

3）工作母线故障后，所有回路能迅速恢复供电。当工作母线发生短路故障时，所有电源回路断路器自动跳闸。随后应断开各出线断路器和所有故障母线侧的隔离开关，然后合上各回路备用母线侧的隔离开关，最后合上电源、出线断路器。这样，所有回路不必等待故障排除即可迅速恢复供电。操作时，应按先断后合的顺序，以避免故障转移到正常母线上。

4）任一出线运行中的断路器故障、拒动或不允许操作时，可用母联断路器 QF_j 来代替。

如图 3-9 所示，母线Ⅰ为工作母线，母线Ⅱ为备用母线，需要检修 1QF 的具体操作步骤如下：

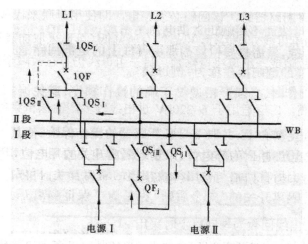

图 3-9　用母联断路器作出线断路器

①断开 1QF，断开 $1QS_L$、$1QS_I$，将停电的断路器 1QF 两端接线拆开，用"跨条"将 1QF 短接（图中虚线段所示），使 1QF 与引出线分开。

②合上 $1QS_{II}$、$1QS_L$。

③合上 QS_{jI}、QS_{jII}，合上 QF_j，恢复送电。图中箭头表示负荷路径，电流由母线Ⅰ经 QF_j 送到母线Ⅱ上，再由母线Ⅱ送到线路 L1。线路 L1 仅短时停电，且不会影响其他回路工作。

当 1QF 出现拒动或不允许断开时，利用倒闸操作将 QF_j 和备用母线Ⅱ与 1QF 串联接入回路，再用 QF_j 切断电路。具体操作如下：

①倒母线"操作，将 L1 回路从母线Ⅰ转到母线Ⅱ上工作。

②$1QS_{II}$ 合上，$1QS_I$ 断开，电流经母线 I$\rightarrow QS_{jI}\rightarrow QF_j\rightarrow QS_{jII}\rightarrow$ 母线 II$\rightarrow 1QS_{II}$ $\rightarrow 1QF\rightarrow 1QS_L\rightarrow L1$，形成 QF_j 与 $1QF$ 串联供电，QF_j 可保证线路 L1 可靠切断。

5）便于扩建。向双母线的任一方向扩建，均不影响两组母线的电源和负荷的均匀分配，不会引起原有电路的停电。

总之，双母线接线具有运行方式比较灵活，可靠性较高，便于扩建等优点。

双母线接线也存在以下五个缺点：

1）增加了母线长度，所用设备多，特别是隔离开关较多，每回路多了一组母线隔离开关，从而使配电装置架构增加，占地面积增大，投资增多。

2）由于母线故障或检修而进行倒闸操作时，隔离开关作为倒换操作电器，极为容易导致误操作，为此，在隔离开关和断路器之间需加装闭锁装置。

3）任一母线故障时，有较大范围的短时停电。当工作母线故障时，将造成整个配电装置在倒母线期间停电（可以采取两组母线同时工作的运行方式或某组母线分段来解决）。

4）检修任一回路断路器时，该回路必须停电，即使用母联来代替，也需短时停电，而且这样的检修期为单母线分段运行，可靠性有所降低（可以采取加装旁路母线来解决）。

5）母联断路器故障或一组母线检修时，另一组母线仍存在故障全停的可能。

（4）适用情况分析

1）由于可靠性高，广泛适用于 6~220kV 进出线较多，输送和穿越功率较大，运行可靠性和灵活性要求高的场合。

①6~10kV，当发电机电压负荷较大，出线较多，且有重要用户时，用双母线是必要的。

②35~60kV，出线超过 8 回，或连接电源较多，负荷较大时采用。这样检修设备比较方便。

③110~220kV，出线回数为 5 回以上时采用。

2）母线及设备检修时，不允许对用户停电。母线故障且要求迅速恢复供电时可采用。

3）系统运行调度对接线灵活性有一定要求时可采用。

2. 双母线分段接线

为了消除工作母线故障时造成整个配电装置停电的缺点，可以将双母线接线中的一组母线用断路器分段，称为三分段接线，或将两组母线都分段，称为四分段接线，形成双母线分段接线形式。

（1）接线分析

1）双母线三分段接线。如图 3-10 所示，I 组母线用分段断路器分为两段，每段与 II 组母线之间通过母联断路器连接，有时在分段处加电抗器（如图中虚线框表示）以限制短路电流水平。其运行方式有以下两种。

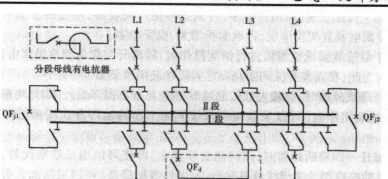

图 3-10　双母线三分段接线

①分段母线作为工作母线，单母线分段运行方式。不分段母线此时作为备用母线，母联断路器 QF_{j1}、QF_{j2} 均断开，分段断路器 QF_d 合上，电源、出线回路均与工作母线连接。当任一段母线故障时，可以将故障段上的电源和负荷全部倒换到备用母线上，通过该侧母联断路器保持两部分并列运行。如果再有母线故障发生，也只影响该故障母线部分的负荷。当机组数目较多时，分段数可以多于两段。

②不分段的母线也作为工作母线，电源、负荷均匀分配在三段母线上。某段的母联断路器、分段断路器均闭合运行，构成单母线三分段运行。这样一来当某一段母线故障时，短时停电范围只有 1/3，然后再将这部分负荷倒换到另外的母线段。

2）双母线四分段接线。如图 3-11 所示，用两组分段断路器及两母线侧隔离开关将两组母线都分为两段，并设置两台母联断路器及两母线侧隔离开关，正常运行时的电源和负荷均匀分配在四段母线上，合上分段断路器及两母联断路器后，四段母线并列运行。

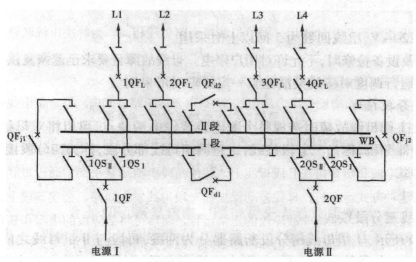

图 3-11　双母线四分段接线

任一母线段故障时，只有 1/4 的电源和负荷停运，使可靠性大大提高。但这种接线方式由于断路器的数目增加，使整个配电装置的投资增大，只适用于进出线回路数甚多的场合。

3）双母线三列式分段接线，如图 3-12 所示。这种接线当任一母线故障时，仍能够保证双母线并列运行，但这种接线仍不能避免检修线路断路器时的短时停电，因此仍可采用双母线带旁路母线接线的方式，用旁路断路器替代线路断路器以避免线路停电。

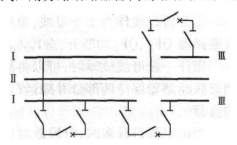

图 3-12　双母线三列式分段接线

（2）运行分析

双母线分段既具有单母线分段的特点，又具有双母线的特点。任一分段检修或故障时，可将该分段上所有回路转移至备用母线，则备用母线与完好分段通过母联并列运行。

（3）优缺点及适用情况分析

双母线分段接线具有很高的可靠性和灵活性，广泛应用于 6~10kV，进出线较多，输送和穿越功率较大时。但同时增加了母联断路器和分段断路器的数量，占地面积增加，配电装置投资较大，35kV 以上很少采用。

3．双母线带旁路接线

双母线设置旁路母线的作用，同单母线带旁路母线相同，为解决出线断路器检修时的不停电问题。

（1）专用旁路断路器的双母线带旁路接线

如图 3-13a 所示，增设一组旁路母线 WB_a 和旁路断路器 QF_a，每一条出线都经过旁路隔离开关连接旁路母线，另外电源回路也同样可以接入旁路。正常运行时多采用固定连接方式，即双母线同时运行，母联断路器处于合闸位置，其中部分电源和负荷固定接在 I 段母线上，其余电源和负荷接在 II 段母线上，并使两段负荷尽量平衡，通过母联断路器的电流最小。按这种方式运行时，母线差动保护在一段母线发生短路，会使该段上的电源、出线及母联断路器跳闸，维持非故障段的正常运行，而后可将故障段的电源和负荷倒换到正常母线上。用旁路断路器代替某出线断路器时，应将旁路断路器 QF_a 与该出线对应的运行线侧隔离开关合上，维持固定连接方式。

220kV 出线 5 回及以上，110kV 出线 7 回及以上，一般应装设专用的旁路断路器。

（2）"旁路兼作母联"或"母联兼作旁路"接线

当出线回路不多，安装专用的旁路断路器利用率不高时，为了节省断路器及配电装置间隔，可以用"旁路兼作母联"或"母联兼作旁路"接线形式。

1）旁路兼作母联。如图 3-13b 所示，运行方式以旁路为主。

正常运行时，QF_a 要起到母联的作用，因此 QS_{jI}、QF_a、QS_a、QS_{a1} 是闭合的，QS_{jII} 是断开的，此时，旁路母线 WB_a 带电，旁路断路器 QF_a 作为母联断路器 QF_j 运行。检修时，如需要用 QF_a 代替出线断路器供电，需先合上 QS_{jII}，断开 QS_{a1}，转为单母线运行，再按操作规程完成用 QF_a 代替出线断路器的操作。

2）母联兼作旁路。如图 3-13c 所示，运行方式以母联为主。

正常运行时，QF_j 按母联工作，因此 QS_{jII}、QF_j、QS_{a1} 闭合，QS_a、QS_{jI} 断开，此时，旁路母线 WB_a 不带电。检修时，如需要用 QF_j 代替出线断路器供电，需先将母线 II 倒换为备用母线，母线 I 为工作母线，合上 QS_a，拉开 QS_{a1}，转为单母线，再完成用 QF_j 代替出线断路器的操作。

"旁路兼作母联"或"母联兼作旁路"接线的经济性较好，如果旁路断路器的利用率不高，采用这种接线是合理的，但在代替出线断路器的操作过程中，双母线将改为单母线方式运行，使可靠性降低。

（3）双母线分段带旁路母线接线。双母线三分段及四分段接线均可带旁路母线接线，这种情况下，断路器和隔离开关等配电装置的数目将增大，同样可以采用母联断路器兼作旁路断路器的接线，节省专用旁路断路器及占地投资。

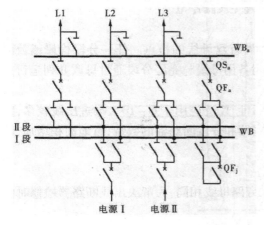

a)

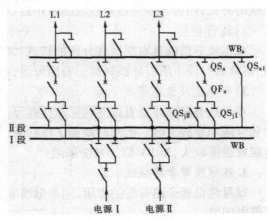

b)

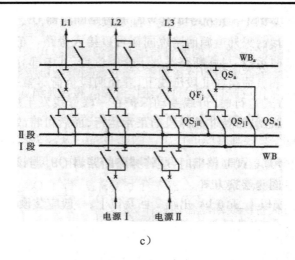

c)

图 3-13 双母线带旁路接线

a）标准接线；b）旁路兼作母联；c）母联兼作旁路

4．断路器（一台半断路器）双母线接线

（1）接线分析

一台半断路器的接线方式如图 3-14 所示，这种接线方式有两组工作母线，每一回路经一台断路器与一组母线连接，两回路之间通过一台联络断路器连接，每两回进、出线占用 3 台断路器构成一串，即每一回路用一台半断路器，因而称为"一台半断路器接线"，也称"3/2 断路器接线"。

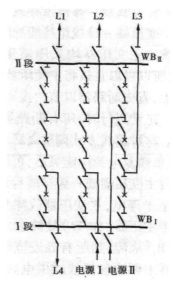

图 3-14 一台半断路器接线

当有多组断路器串，正常运行时闭合所有断路器，与母线连接构成多个环形网路供电，因此这种接线方式具有很高的可靠性。为提高运行可靠性，对接线有以下要求：

1）应将同名回路（两个变压器或两回供电线路）接在不同的串上，以防止同时停电；通常将电源、引出线接在同一串上。

2）重要的同名回路交替接入不同侧的母线，避免联络断路器检修时，因同名回路串的母线侧断路器故障，使同一侧母线的同名回路同时被断开。

3）至少应有三个串，形成多环形接线，如只有两串，属于多角形接线，因此进出线回路应在 6 回及以上。

（2）接线特点分析

1）一台半接线方式具有以下优点：

①可靠性高。任何一个元件（一回出线、一台主变）故障均不影响其他元件的运行，多台断路器可以同时检修也不致造成回路停运。任一组母线故障或检修时，所有与该母线相连的断路器都会断开，但各回路供电均不受影响；当每一串中均有一电源一负荷时，即使两组母线同时故障，接于同一串的出线仍能通过该串上的联络断路器由接在该串上的电源供电。除联络断路器内部故障使该串上两侧的断路器跳闸，导致该串两回路停运，联络断路器外部故障或其他一台断路器故障，最多只引起一个回路停运。

②调度灵活。正常运行时两组母线和全部断路器都投入运行，形成多环状供电，调度方便灵活。

③操作方便。只需操作断路器，而不必利用隔离开关进行倒闸操作，从而使误操作事故大大减少；隔离开关仅供检修时隔离电压用。

④检修方便。检修断路器时，只需拉开对应的断路器及隔离开关，即可进行检修，各回路仍按原接线方式运行，不需要切换任何回路，避免了利用隔离开关进行大量倒闸操作；检修母线时也不需切换回路，均不影响各回路的供电。

2）一台半断路器接线的缺点如下：

①由于考虑交替接线的要求，所以电源、出线回路数量最好相同；同时由于配电装置结构特点，每对回路的变压器和出线向不同方向引出，增大了配电装置的间隔，限制了这种接线的应用。

②正常操作时，联络断路器的动作次数是两侧断路器的两倍，一个回路故障要跳两台断路器，断路器动作频繁。

③与双母线带旁路比较，采用的断路器、电流互感器较多，二次接线和继电保护都较复杂，投资增大。

（3）适用情况分析

一台半断路器接线，目前在国内广泛地用于大型发电厂和变电所超高压（330kV、500kV 及以上电压等级）配电装置中，一般进出线数在 6 回及以上宜于采用。

5. 变压器—母线组接线

变压器—母线组接线如图 3-15 所示，由于超高压系统的主变压器均采用质量可靠、故障率很低的产品，所以可以直接将主变压器经隔离开关接到两组母线上，省去断路器以节约投资。

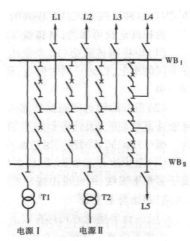

图 3-15 变压器—母线组接线

正常运行时，所有断路器均闭合，两组母线均运行。这种接线方式调度灵活，任一断路器检修均不停电，负荷及电源调配灵活，可靠性比双母线带旁路高。一台主变压器或一组母线检修或故障时，只减负荷而不至于停电，主变压器故障与母线故障的影响相同。

当主变压器（如 T1）故障时，相当于与之相连的母线（WB_I）故障，则所有靠近该母线的断路器均会跳闸，但并不影响各出线的供电。主变压器用隔离开关断开后，母线即可恢复运行。

因此，这种接线方案要求主变压器可靠性高、故障率低，并要求线路配电装置可靠性高，适用于超高压系统，其出线回路采用双断路器或一台半断路器两种接线。当出线回路数为 3~4 回时，各出线均可经双断路器分别接到两组母线上，可靠性很高（如图 3-15 中的 L1、L2、L3）；当出线回路数为 5~8 回时，部分出线可以采用一台半接线方式，可靠性也很高（如图 3-15 中的 L4、L5）。

（三）无汇流母线的基本接线形式分析

无汇流母线的主接线简称无母线接线，即没有母线中间环节，使用的开关电器少、占用土地面积小、投资较少，断路器数量等于或少于出线回路数且无母线故障和检修的问题。这类接线形式往往局限于进出线回路数较少、且不再扩建的发电厂和变电站。

1. 单元接线

发电机和主变压器直接连接成一个单元，除在发电机出口接厂用分支外，中间没有任何的横向连接，经过断路器直接接入高压系统的形式，称为单元接线。单元接线包括发电机—变压器单元接线、发电机—变压器—线路单元接线、发电机—变压器扩大单元接线等形式。

单元接线常用于以下场合：①发电机额定电压超过 10kV（单机容量在 125MW 以上）；②不需要接地区负荷的发电机，或无地区负荷的发电厂；③原发电机电压母线容量超过限制（6kV 配电装置不超过 120MW，10kV 配电装置不超过 240MW）。

（1）发电机—变压器单元接线

1）接线分析。图 3-16a 所示是发电机与双绕组变压器单元接线。发电机电压等级不设母线，发电机与变压器容量相同、直接连接、共同工作，所有电能经变压器全部送入升高电压等级（35kV 及以上）进入系统，供给远方用户。由于发电机仅在升高电压侧并联工作，因此在升高电压侧必须有母线。

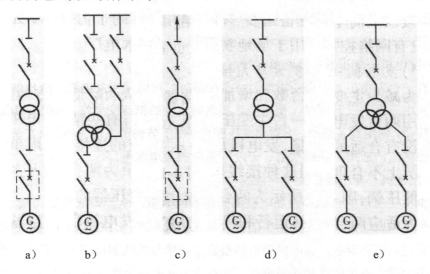

图 3-16　单元接线、扩大单元接线

a）发电机—双绕组变压器单元；b）发电机—三绕组变压器单元；c）发电机—变压器线路单元；

d）发电机—变压器扩大单元；e）发电机—分裂绕组变压器扩大单元

当发电机停运时，变压器也停运，所以两者之间可不装设断路器；为方便调试发电机及停运时由系统供给厂用电，在两者之间可装一组隔离开关。对于 200MW 及以上的机组，由于发电机回路额定电流或短路电流过大，使得选择出口断路器时，受到制造条件或价格甚高等因素的影响，发电机与变压器之间不装设断路器，采用分相封闭母线以减少发电机回路故障的概率。对于采用分相封闭母线的单元，不宜装隔离开关，但为了发电机调试方便，装有可拆的连接点。

图 3-16b 是发电机与三绕组变压器（或自耦变压器）单元接线。若变压器高、中压侧无电源，则发电机和变压器之间可不装设断路器；若高、中压侧有电源，且高、中压侧在

发电机停止工作时仍需保持与电网的连接，以及考虑在启动前能从系统获得厂用电，则发电机与变压器之间需装设断路器。但这种接线形式一般不用于大容量机组，其原因：首先是没有满足发电机出口额定电流、也不能切断发电机出口短路电流的断路器，其次采用分相封闭母线后安装工艺复杂；另外三绕组变压器中压侧不留分接头，不利于高、中压侧的调压和负荷分配。

2）优缺点分析。发电机—变压器单元接线具有如下特点：

①接线简单清晰，电气设备少，配电装置简单，因而节约了投资和占地面积；操作简便，降低了故障的可能性，提高了供电可靠性，使继电保护简化。

②由于没有发电机电压母线，因此在发电机和变压器低压侧之间短路时的短路电流比有母线时要小。

③单元中任一元件检修或故障，整个单元必须完全停止工作，检修时灵活性差。

3）适用情况分析。它适用于机组台数不多的大、中型不带近区负荷的区域性发电厂以及分期投产或装机容量不等的无机端负荷的中、小型水电站。

（2）发电机—变压器—线路单元接线

当只有一台发电机、一台变压器、一条线路时，可以采用发电机—变压器—线路单元接线，即发电厂内不设升压站，把电能直接送到附近的枢纽变电站，如图 3-16c 所示。这种接线最简单，使用设备最少，不需要高压配电装置，节约了占地面积，只有单元控制室，没有网络控制室，适用于场地狭窄、无近区负荷的大型水电厂。

（3）发电机—变压器扩大单元接线

为减少主变压器的台数和增加电压侧断路器的数量，从而降低投资和减小占地面积，可采用两台发电机连接一台主变压器的扩大单元接线形式；有些情况下，由于发电机与变压器没有合适的配套容量，发电机单机容量较小，而与系统的连接电压较高，采用单元接线经济上不合理，而采用这种接线形式。如图 3-16d 所示为两台发电机都接入主变压器的低压侧，图 3-16e 所示为两台发电机分别接入分裂变压器的两个低压侧。

为适应两台机组灵活运行和停机检修的需要，在两台发电机出口均装设断路器及隔离开关，以隔断电压。当一台机组停运或故障时，该断路器可以将其与另一台正常运行的机组隔离。扩大单元接线有如下特点：

1）减少主变压器数量、主变压器侧高压断路器的数量和高压侧出线回路数；简化接线、降低投资、减小占地。

2）一台机组停运不影响厂用电的供电。

3）采用分裂变压器的扩大单元接线，限制发电机出口或变压器低压侧短路时的短路电流水平的效果较其他形式更明显。

4）运行灵活性较差。主变压器及其高压侧断路器检修或故障，单元两台机组都要停运，影响较大，因此必须是电力系统允许和技术经济合理时才采用。

扩大单元接线在中、小容量火电厂和水电厂的发电机较多时均可采用。

2．桥形接线

当仅有两台变压器和两回出线时，采用桥形接线。桥形接线仅用三台断路器，是使用断路器最少的接线形式。两出线间跨接一台联络断路器构成桥回路，根据桥联断路器的位置，可分为内桥接线和外桥接线。

（1）内桥接线

若桥联络断路器跨接在出线断路器的内侧（变压器侧），称为内桥接线。如图 3-17a 所示，线路经断路器和隔离开关接至桥接点，构成独立单元；而变压器支路只经隔离开关与桥接点相连，是非独立单元。

桥回路位于变压器侧，因此具有以下特点：

1）线路操作方便。如线路故障，仅故障线路的断路器跳闸，其对应变压器经过桥回路仍可正常工作。

2）变压器故障或检修操作复杂。如停运 1T 变压器，需断开对应侧线路断路器 1QF、桥联断路器 3QF，使 L1 线路短时停电；然后拉开变压器侧隔离开关 1QS，再合上 1QF、3QF 恢复 L1 线路供电。这一特点概括为"内桥内（单元投切）不便"。

3）当线路断路器故障或检修时，造成该回路停电；桥回路故障或检修时，全厂分列为两部分，使两个单元之间失去联系。当有穿越功率时，将通过三台断路器，因而断路器故障概率大，系统开环的概率也大，因此可以在两回路之间增设正常时断开的"外跨条"（图 3-17a 中虚线部分），以增加运行灵活性。跨条设两组隔离开关，当其中之一检修时，用另一组隔离电压。

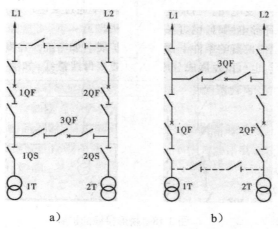

图 3-17 桥形接线

a）内桥接线；b）外桥接线

内桥接线适用于 35~220 kV、输电线路较长、线路侧检修和故障概率大、雷击率较高、变压器不需要经常切换、穿越功率不大的小容量配电装置。

（2）外桥接线

若桥联络断路器跨接在出线断路器的外侧（远离变压器侧），称为外桥接线。如图3-17b所示，变压器经断路器和隔离开关接至桥接点，构成独立单元；而线路支路只经隔离开关与桥接点相连，是非独立单元。桥回路位于线路侧，具有以下特点：

1）变压器操作方便。如变压器故障，仅故障变压器回路断路器跳闸，该线路可由另一变压器经桥回路送电，也不影响另一回路的正常工作。

2）线路故障或检修操作复杂。如停运出线L1，须断开线路断路器1QF、桥联断路器3QF，或线路L1故障时，两断路器均跳闸，此时该回路变压器切除，待该线路侧隔离开关断开后，重新合上两断路器，恢复变压器负载运行，两种工况下其倒闸操作过程都较复杂。这一特点概括为"外桥外（单元投切）不便"。

3）当线路断路器故障或检修时，造成该侧变压器停电；桥回路故障或检修时，全厂分列为两部分，使两个单元之间失去联系。当有穿越功率通过时，特别是在桥形接线的两出线回路接入环形电网时，断路器的故障将使电网开环运行。如果采用外桥接线，此时穿越功率只通过一台桥联断路器，而内桥接线的穿越功率要通过三台断路器，相比之下外桥接线断路器的故障概率要小，其中任一台断路器故障或检修时，将影响系统穿越功率的通过或迫使环形电网开环运行。

当变压器侧断路器检修时，变压器需较长时间停运，桥联断路器检修也会造成开环，因此也可以在两回路之间增设正常时断开的"内跨条"（图3-17b中虚线部分），并在变压器侧各增设一组隔离开关，以解决上述问题，使运行方式更加灵活。

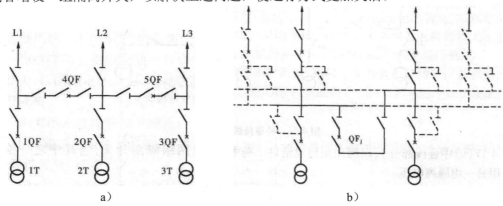

图3-18　桥形接线的扩展

a）双桥接线；b）扩展为双母接线

外桥接线适用于35~220kV，线路较短（故障概率小），而变压器按照经济运行要求需经常切换的发电厂和变电站。当系统中有穿越功率通过发电厂或变电站高压配电装置时，或当双回线接入环形电网时，也可采用外桥接线。

桥形接线在有预留位置的条件下，可以进行扩展。如增加一台变压器和一回出线，可以扩展为双桥形接线，也可以发展成分段单母线或双母线接线，如图3-18所示，虚线为增加部分设备和接线。

3. 角形接线

角形接线相当于单母线按电源、出线分多段接线，并将端部闭合成环形，在相邻两台断路器之间引出一条电源或出线回路，回路不再装设断路器，引出线处为闭合环路的一个角，角数即为进出线回路数，也等于断路器台数，并在每个引出点的三侧各设置一组隔离开关，图3-19所示分别为三、四、五角形接线。角形接线有如下特点：

（1）角形接线的优点

1）断路器使用数量少，每一回路仅用一台断路器，所用的断路器数等于进出线回路数总和，比单母线分段和双母线都少用一台断路器，与不分段单母线相同，仅次于桥形接线，投资省，占地少，经济性较好。

2）正常闭环运行时，可靠性高、运行灵活。每一个回路都可经两台断路器从两个方向获得供电通路，任一台断路器检修时都不会中断供电。

3）检修任一台断路器时，只需断开该断路器及两侧隔离开关，并不会造成任何回路停运。隔离开关只在检修断路器时用于隔离电压，不作为操作电器，误操作的可能性大大减小，也有利于自动化控制。

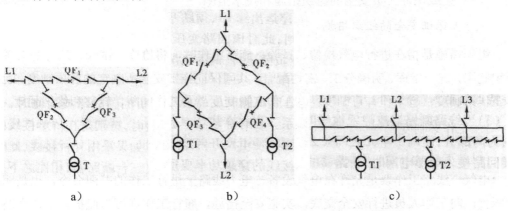

图3-19 角形接线

a）三角形接线；b）四角形接线；c）五角形接线

（2）角形接线的缺点

1）在开、闭环两种运行方式下，通过断路器的工作电流相差很大，且每个回路连接两台断路器，每台断路器又连着两个回路，给设备的选择和继电保护整定带来一定的困难。

2）开环运行工况下，若某条回路故障，会影响其他回路的正常工作，使相邻的完好元件不能发挥作用而被迫停运，降低了可靠性。如四角形接线中，当 QF3 检修时，若 L1 故障，使 QF1、QF2 跳闸，T1 将解列，L2 可能被限电。若 T1 与 L2 交换位置，则 T1、T2 都不能送电，因此应尽量把电源回路和负荷回路交叉布置，以避免同时失去两个电源或断开两个负荷，提高供电可靠性和运行的灵活性。

3）检修任一台断路器时，变为开环运行，降低了可靠性。角数增多、断路器增多、开环故障概率增大，因此回路数限制不超过 6 回，即最多为六角形接线，通常采用三角形、四角形和五角形接线。

4）建成后扩建比较困难。角形接线适用于进出线回路数为 3~5 回的 110 kV 及以上的配电装置，特别在水电站中应用较多，因为角形接线相对占地面积较小。

任务二　电气设备的倒闸操作

一、电气作业安全措施

为了确保在高压设备上工作时的人身安全，在高压设备上工作必须遵守以下各项：

（1）填写工作票或口头命令。

（2）至少应有两人在一起工作。

（3）完成保证人员安全的组织措施和技术措施。

（一）保证安全的组织措施

组织措施是指在进行电气检修、试验、施工工作时，将检修、试验、运行等有关部门组织起来，统一指挥、明确分工、密切配合，共同保证施工安全所制定的各项制度。包括：①工作票制度；②工作许可制度；③工作监护制度；④工作间断、转移和终结制度。

1．工作票制度

（1）定义

电气、线路工作票是允许在电气设备、电力线路上进行工作的书面命令，也是明确安全职责，向工作人员进行安全交底，实施安全措施，履行工作许可与监护，工作间断、转移和终结手续的书面依据。在电气设备上或电力线路上进行工作，必须执行工作票制度。工作票制度是保证安全工作的一项组织措施。

（2）分类

根据工作性质和范围不同，有第一种工作票和第二种工作票之分。

1）第一种工作票用于需停电或装设安全措施。

①高压设备上工作需要全部停电或部分停电的。

②二次系统和照明等回路上的工作，需要将高压设备停电的或做安全措施的。

③凡是在高压设备上或其他电气回路上工作，需要将高压设备停电或装设工作范围遮栏的。

2）第二种工作票用于不需停电或装设安全设施。

①带电作业和在带电设备外壳上的工作。

②控制盘、低压配电盘、配电箱、电源干线上的工作。

③二次接线回路上的工作，无需将高压设备停电的。

④非当值值班人员用绝缘棒对电压互感器定相或用钳形电流表测量高压回路的电流等。

⑤在同期调相机的励磁回路或高压电动机转子电阻回路上的工作。

（3）工作票的签发

工作票由工作票签发人填写，一式两份，应正确清楚，不得涂改。两份工作票中的一份必须保存在工作地点，由工作负责人收执，按值移交。值班员应将工作任务、工作票编号、许可开始时间及完工时间记如操作记录簿中。在无人值班的设备上工作时，第二份工作票由工作许可人收执。

2．工作许可制度

工作许可人（值班员）在完成施工现场的安全措施后，应会同工作负责人到现场再次检查所作的安全措施，以手触试，证明检修设备上确无电压，并对工作负责人指明带电设备的位置和注意事项。工作负责人对安全措施无异议，双方在工作票上分别签名。完成上述工作许可手续后，工作组方可开始工作。

3．工作监护制度

完成工作许可手续后，工作负责人（监护人）应向工作人员交待现场安全措施、带电部位和其他注意事项。工作负责人必须始终在工作现场，对工作班成员的安全认真监护，除在全部停电工作时可参加班组工作外，专责监护人不得兼做其他工作。工作期间工作负责人因故需离开工作地点时，应指定能胜任的人员代替，并告知工作人员。如工作负责人需长时间离开现场，应由原工作票签发人变更工作负责人，同时在工作票7项中填写清楚并签名。

4．工作间断、转移和终结制度

工作间断时，工作班人员应从工作现场撤出，所有安全措施保持不动，工作票仍由工作负责人执存，间断后继续工作，无需通过工作许可人。每日收工，应清扫工作地点，开放已封闭的通路，并将工作票交回运行人员。次日复工时，应得到工作许可人的许可，取回工作票，工作负责人应重新认真检查安全措施是否符合工作票的要求，并召开现场站班会后，方可工作。若无工作负责人或专责监护人带领，工作人员不得进入工作地点。

全部工作完毕后，工作班应清扫、整理现场。工作负责人应先周密地检查，待全体工作人员撤离工作地点后，再向运行人员交待所修项目、发现的问题、试验结果和存在问题等，并与运行人员共同检查设备状况、状态，有无遗留物件，是否清洁等，然后在工作票上填明工作结束时间。经双方签名后，表示工作终结。

在未办理工作票终结手续以前，任何人员不准将停电设备合闸送电，严禁约时送电。待工作票上的临时遮栏已拆除，标示牌已取下，已恢复常设遮栏，未拉开的接地线、接地刀闸已汇报调度后，工作票方告终结。

已终结的工作票、事故应急抢修单应保存一年。

（二）保证安全的技术措施

在电气设备上工作，保证安全的技术措施为：①停电；②验电；③装设接地线；④悬挂标示牌和装设遮栏（围栏）。

1. 停电

应停电的范围除检修施工设备外，与工作人员正常活动的距离小于表 3-2 中所列值的带电设备、与检修设备的距离小于表 3-3 中所列值的无遮栏带电设备均应停电。

表 3-2　工作人员工作中正常活动范围与带电设备的安全距离

电压等级/kV	10 及以下	20~35	63~110	220	330	500
安全距离（m）	0.35	0.60	1.50	3.00	4.00	5.00

表 3-3　人体与无遮栏带电体间的最小距离

电压等级/kV	10 及以下	20~35	63~110	220	330	500
安全距离/m	0.70	1.00	1.50	3.00	4.00	5.00

检修设备停电，应把各方面的电源完全断开（任何运行中的星形接线设备的中性点，应视为带电设备）；禁止在只经断路器（开关）断开电源的设备上工作；应拉开隔离开关（刀闸），手车开关应拉至试验或检修位置，应使各方面有一个明显的断开点（对于有些设备无法观察到明显断开点的除外）；与停电设备有关的变压器和电压互感器，应将设备各侧断开，防止向停电、检修设备反送电。

2. 验电

停电后，必须检验已停电设备有无电压，以防出现带电装设接地线或带电合接地刀闸等恶性事故的发生。

3. 装设接地线

将检修或施工设备用携带式接地线（或接地刀闸）三相短路接地，是防止工作地点突然来电造成触电事故的主要安全技术措施。

（1）泄放检修设备停电后的残余电荷和可能产生的感应电荷。

（2）将工作设备三相短路接地，当因意外原因造成对检修设备误送电时，迫使电源的继电保护装置迅速动作，切断供电。

（3）将施工设备与大地良好连接，保持工作点"地"电位。

4．悬挂标示牌和装设遮栏（围栏）

高压设备检修和施工，完成停电、验电、装设接地线的安全措施后，还应在开关把手上、工作设备上及附近带电设备上悬挂标示牌，按工作环境条件设置相应遮栏。

二、倒闸操作

（一）倒闸操作概述

1．电气设备状态认知

（1）运行状态：是指设备的隔离开关及断路器都在合闸位置。

（2）热备用状态：是指设备隔离开关在合闸位置，断路器在分闸位置。

（3）冷备用状态：是指设备断路器、隔离开关均在断开位置，未做安全措施。

（4）检修状态：是指电气设备的断路器和隔离开关均处于断开位置，并按《国家电网公司电力安全工作规程》和检修要求做好安全措施，接地刀闸在合闸位置或挂接地线。

2．倒闸操作认知

电力系统中运行的电气设备，常常遇到检修、调试及消除缺陷的工作，这就需要改变电气设备的运行状态或改变电力系统的运行方式。电气设备分为运行、备用（冷备用及热备用）、检修三种状态。将设备由一种状态转变为另一种状态的过程叫倒闸，所进行的一系列的操作叫倒闸操作，主要涉及拉合断路器和隔离开关、拉合断路器的操作熔断器和合闸熔断器、拉合某些直流操作回路、投切继电保护或自动装置、改变继电保护或自动装置的整定值、拆装临时接地线、改变中性点接地方式和电网的合环与解列操作、检查设备的绝缘等。通过操作隔离开关、断路器以及挂、拆接地线将电气设备从一种状态转换为另一种状态或使系统改变了运行方式，这种操作就叫倒闸操作。

倒闸操作是电气运行人员的一项重要工作，不但关系到电气设备、电力系统的安全运行，也关系到在电气设备上工作的人员、运行操作人员的自身安全。由于误操作造成的事故，不仅会造成全厂（站）停电，还可能扩大到整个电力系统，使系统瓦解。

3．倒闸操作任务

倒闸操作是一项严肃的、责任重大的工作，在整个过程中，不但有一次回路的操作，也有二次回路的操作，项目繁多，稍有疏忽大意，将会造成事故。因此，必须牢固树立"安全第一"的思想，认真、负责地进行倒闸操作。

倒闸操作任务是指由电网调度员下达调度指令，电气设备单元由一种状态连续转变为另一种状态的特定的操作内容。电气设备状态的转换，有时只需要一个操作任务，有时需要多个操作任务来完成。倒闸操作主要包括以下项目：

（1）电气设备改变运行状态的操作。如设备停送电、备用转检修、新设备的投运、异常及事故处理等操作。

（2）改变一次回路的运行方式。如线路的解列、并列及开环、合环、倒母线操作、改变中性点接地状态、调整变压器分接头等操作，因安全性、经济性原因对主接线运行方式的调整。

（3）接地线的装设、拆除，接地刀闸的拉、合。

（4）事故或异常的处理。

（5）其他操作，如蓄电池的充放电等。

4．倒闸操作要求

在决定倒闸操作前，应考虑运行方式改变对系统的影响，如有功效率、无功效率、系统稳定、短路容量、继电保护及自动装置等因素。对已经检修完毕的电气设备，必须收回并检查工作票，拆除安全设施，检查断路器、隔离开关是否确在断开位置。进行倒闸操作时还应掌握以下基本原则：

（1）保证操作程序安全可靠，不会造成事故。

（2）尽量不影响发电、变电、送电的处理。

（3）不影响系统的正常运行。

（4）发生意外事故，尽量减小影响范围。

（5）防止恶性误操作。要防止误拉合开关、带负荷拉合隔离开关、带电挂接地线（包括接地刀闸）、带地线合闸、误入带电间隔等恶性事故。

（6）执行倒闸操作票制度。包括根据划定的调度范围，实行分级管理、下达指令、接受指令。执行正常操作任务时，必须填用操作票，执行操作监护、复诵制，操作过程中，严格执行有关操作票制度规定。

停电操作原则：先断开断路器，然后拉开负荷侧隔离开关，再拉开电源侧隔离开关。

送电操作原则：先合上电源侧隔离开关，然后合上负荷侧隔离开关，最后合上断路器。

5．电气操作票操作术语

在操作票的填写和执行口诵中，相关的技术术语必须按规定准确、规范化。

（1）拉开（合上）××开关，拉开（合上）××刀闸。

（2）取下（合上）××保险器。

（3）装设（拆除）××接地线，合上（拉开）××接地刀闸，装设（拆除）××短路线，装设（拆除）××临时遮栏。

（4）打开（合上）××保护压板，切换××电流试验部件。

（5）悬挂（拆除）××标示牌。

倒闸操作的关键步骤及工作要点如表 3-4 所示。

表 3-4 倒闸操作的关键步骤及工作要点

操作任务	工作要点
1．接受操作任务，拟定操作方案（填写操作票）	①熟悉操作任务，明确操作目标，结合现场实际运行方式、设备运行状态和性能，确定操作任务正确，安全可行。 ②根据操作任务，核对运行方式后，参照典型操作票，正确规范填写操作票。 ③对于复杂操作任务，应认真拟定操作方案后，再填写操作票。
2．审核、打印操作票	①按照操作人、监护人、值班长顺序进行逐级审核，审查操作票的正确性、安全性和合理性，重点审查一次设备操作相对应的二次设备的操作；②经审查无误后，打印操作票，审票人分别在操作票上签字。
3．操作准备	①正式操作前，操作人、监护人应进行模拟操作，再次对操作票的正确性、安全性、合理性进行核对，并进一步明确操作目的。 ②值班长组织操作人对操作过程中的危险点进行分析和控制，做到有备无患。 ③准备操作中需使用的安全工器具。检查工器具的完好性。
4．接受操作指令	①调度员下达操作指令时，受令人应正确复诵，并经双方确认无误。 ②对操作任务有疑问时，必须向调度员询问清楚。
5．核对操作设备	①操作人应站位正确，核对设备名称和编号，监护人监护操作人所站位置及操作设备名称和编号应正确无误，安全防护工器具使用正确。 ②在核对过程中，如有疑问，必须向调度员询问清楚，并得到再次确认。
6．唱票、复诵、监护、操作、并检查确认	①监护人高声唱票，操作人手指被操作设备和编号高盛复诵，经监护人、操作人确认无误后，监护人发出"对，可以操作"命令后，操作人开始操作。 ②每操作完毕一项，操作人、监护人都要对操作设备进行全面检查和确认，设备变位开关是否正确，指示灯变位是否正确等，监护人就应在该项目上打钩，确认该项操作完毕。
7．汇报调度	①操作全部结束，监护人检查操作票上所有项目均已正确打钩，无遗漏项，在操作票上填写操作终了时间，加盖"已执行"章，并汇报值班负责人。 ②由受令人向指令人汇报，操作任务完毕。注意，汇报时一定要向调度员汇报设备运行状态已根据调度指令变更。
8．终结操作	①再次全面检查一、二次设备运行正常。 ②校正显示屏标志，并与现场一致。 ③做好运行记录。

（二）高压开关设备现场操作及注意事项要领

1．高压断路器操作要求

（1）断路器投运前，应检查接地线是否全部拆除，防误闭锁装置正常，防止带接地线合闸送电。

（2）操作前应检查控制回路和辅助回路的电源正常，检查机构已储能，保证直流和交流动力电源电压在正确合格范围内。

（3）检查油断路器油位、油色应正常；真空断路器灭弧室无异常；SF$_6$断路器气体压力在规定范围内；各种信号正确、表计指示正常；防止断路器爆炸或合不上断路器的异常情况。

（4）长期停运超过 6 个月的断路器，在正式执行操作前应通过远方控制方式进行操作 2~3 次，无异常后才能按确定的运行方式操作。

（5）操作前，检查相应隔离开关和断路器位置，确保继电保护已按规定投入。

（6）操作控制把手时，不能用力过猛，以防损坏控制开关；不能返回太快，以防时间短，断路器没有合闸就中断了合闸操作。操作中同时要监视有关电压、电流、功率等表计的指示及红绿灯是否在正常位置。

（7）断路器分合闸动作后，应到设备现场确认本体和机构分合闸指示器位置是否正确，同时检查断路器有无异常。

2．高压断路器操作的一般原则

（1）断路器合闸送电或跳闸后试送，人员应远离断路器现场，防止断路器爆炸或损坏发生意外。

（2）远方合闸的断路器，不允许带工作电压手动合闸，以免误合故障回路引起断路器损坏或爆炸事件。

（3）断路器分合闸后，应到现场检查实际位置，以免传动机构开焊，绝缘拉杆折断或支持绝缘子破裂，造成回路实际未拉开或未合上。

（4）拒绝跳闸后和保护有故障的断路器，不得投入运行或列为备用设备。以防止断路器不能自动跳闸而造成事故扩大。

3．断路器的操作及注意事项

（1）使用控制开关操作断路器

①分合断路器时，不要用力过猛，以免损坏控制开关。

②合闸操作时，操作人员应先将断路器控制开关打至"预备合闸"位置，待绿灯闪光 2~3 次后，将断路器控制开关打至"合闸位置"，停顿 1s，待红灯亮后松手，控制开关自动复位至合闸后位置。分闸操作与此相同。操作时不要返回太快，以免断路器合不上或拉不开。老式操作回路的断路器，操作过程应平稳，手不能抖动，防止断路器跳跃。

③电磁机构断路器合闸时注意观察直流电流表情况。合闸后发现断路器未动作或不到位，应立即取下控制电源保险或断开操作电源，防止烧毁合闸线圈。

（2）使用控制开关就地操作断路器，操作人员应选好有利位置，防止操作过程中断路器爆炸伤人。

（3）断路器操作后，应检查与其相关的信号，如红绿灯、光字牌的变化，测量仪表（对装有三相电流表的设备，应检查三相表计）的指示，并到现场检查断路器的机械位置以判断断路器分合的正确性，至少应该有两个及以上独立指示（注意区分同源信号）已同时发生对应变化时，才能确认该设备已操作到位。避免由于断路器假分、假合造成误操作事故。

（4）设备停役，拉开断路器前，对终端线路应检查负荷是否为零，对并列运行的线路，在一条线路停役前应考虑有关定值的调整，并注意在该线路拉开后另一线路是否过负荷。如有疑问，应问清调度后再操作。断路器合闸前必须检查有关继电保护是否已按规定投入。

（5）断路器出现非全相合闸时，首先要恢复其全相运行（一般两相合上一相合不上时，应再合一次，如该相仍合不上则将合上的两相拉开；如一相合上两相合不上，则将合上的一相拉开，然后再重合）。

（6）断路器出现非全相分闸时，应立即设法将未分闸相拉开，如仍拉不开，应利用母联或旁路进行倒换操作，之后将故障断路器隔离。

（7）对于储能机构的断路器，检修前必须将能量释放，以免检修时引起人员伤亡。检修后的断路器必须放在分开位置上，以免送电时造成带负荷合隔离开关的误操作事故。

（8）断路器累计分闸或切断故障电流次数（或规定切断故障电流累计值）达到规定时，应停役检修，还要特别注意，当断路器跳闸次数只剩有一次时，应停用重合闸，以免故障重合时造成跳闸引起断路器损坏。

（9）断路器操作时，若远方操作失灵，按规定允许进行就地操作时，必须进行三相同时操作，不得进行分相操作；操作人员应采取必要的人身防护措施。

4．隔离开关的操作及注意事项

（1）拉合隔离开关前，必须检查有关断路器和隔离开关的实际位置，隔离开关操作后应检查实际分、合位置（合闸后检查三相同期且接触良好；分闸后检查断口张开角度或闸刀拉开距离应符合要求）。

（2）手动合上隔离开关时，必须迅速果断。在隔离开关快合到底时，不能用力过猛，以免损坏支柱绝缘子。当合到位时，发现有弧光或误合，不准再将隔离开关拉开，以免由于误操作而发生带负荷拉隔离开关，扩大事故。

（3）手动拉开隔离开关时，在开始拉隔离开关时应慢而谨慎，当动触头刚离开静触头时，应迅速，分闸终了应防止用力过猛损坏瓷瓶。触头刚分离时，如发生弧光，应迅速合上并停止操作，立即检查是否为误操作而引起电弧。值班人员在操作隔离开关前，应先判断拉开该隔离开关是否会产生弧光（切断环流、电容电流时也会产生弧光），在确保不发生差错的前提下，对会产生弧光的操作则应快而果断，尽快使电弧熄灭，以免烧坏触头。

（4）当装有微机闭锁、电磁闭锁的隔离开关闭锁失灵时，应严格遵守防误装置解锁规定，认真检查设备的实际位置，在得到相关领导同意后，方可解除闭锁进行操作。

（5）电动操作的隔离开关闭锁失灵时，应查明原因和与该隔离开关有闭锁关系的所有断路器、隔离开关、接地开关的实际位置，正确无误才可拉开隔离开关操作电源而进行手动操作。

（6）隔离开关操作机构的定位销操作后一定要销牢，以免滑脱发生事故，电动操作的隔离开关操作后应拉开其操作电源。

（7）手动操作隔离开关时，操作人员应穿绝缘鞋，戴绝缘手套，穿长袖棉质工作服，戴安全帽，尽量减少操作失误时可能发生的人身伤害。

（8）系统内有接地信号，未找到接地点时，禁止随意拉隔离开关，防止用隔离开关拉断系统接地电容电流。

（9）电动操作过程中，操作人员应蹲在机构箱处，手放在操作电源"停止"按钮上，听候监护人的指令，当隔离开关发生异常时要能立即断开操作电源。监护人应观察隔离开关的整个操作过程，当发现操作异常时，应立即向操作人发出"停止"的指令。如操作电源突然消失，应使用隔离开关操作工具将隔离开关摇开，不得使隔离开关断口长期放电拉弧，电动操作机构操作电压应在额定电压的85%~110%范围内，操作运行正常后，应断开操作电源。

（10）严禁用隔离开关进行下列操作：

1）带负荷拉、合闸操作；

2）配电线路的停送电操作；

3）雷电时，拉合避雷器；

4）系统有接地（中性点不接地系统）或电压互感器内部有故障时，拉合电压互感器；

5）系统有接地时，拉合消弧线圈。

三、倒闸操作票制度

（一）操作票的作用

凡影响机组生产（包括无功）或改变电力系统运行方式的倒闸操作及机炉开、停等较复杂的操作项目，均必须填用操作票的制度，称为操作票制度。

填写操作票是安全、正确进行倒闸操作的根据，它把经过深思熟虑制订的操作项目记录下来，从而根据操作票面上填写的内容依次进行有条不紊的操作。电气设备改变运行状态，必须使用操作票进行倒闸操作，这是防止误操作的主要措施之一。

（二）操作票的使用范围

下列项目应填进操作票：

（1）应拉合的设备（开关、刀闸、接地刀闸等）。

（2）拉合设备（开关、刀闸、接地刀闸等）后检查设备的位置。

（3）验电、装拆接地线后检查实际位置。

（4）合上（安装）或断开（拆除）控制回路或电压互感器回路的空气开关、熔断器。

（5）切换保护回路和自动化装置及检验是否确无电压、更改整定值等。

（6）进行停、送电操作时，在拉开刀闸、手车式开关拉出、推入前，检查开关确在分闸位置。

（7）在进行倒负荷或解、并列操作前后，检查相关电源运行及负荷分配情况。

（8）设备检修后合闸送电前，检查送电范围内接地刀闸已拉开，接地线已拆除。

（三）操作票填写规定

1．一般规定

（1）电气倒闸操作票应严格按照《电业安全工作规程》和有关规定填写。

（2）每份操作票只能填写一个操作任务。

（3）操作票应统一编号，一律用蓝、黑墨水的钢笔填写。

（4）作废的操作票应加盖"作废"印章，调度作废票应加盖"调度作废"章，已执行的操作票应加盖"已执行"章。

（5）填写倒闸操作票必须使用统一的调度术语和操作术语。

（6）操作票填写完且经审核正确无误后，对最后一项后的空白处盖"以下空白"章。

2．操作票各栏填写的具体规定

（1）第一栏。第一栏的"发令人"为第一次正式发布操作指令的值班调度员或值班负责人，"受令人"为有资格接受操作指令的当值值班员，"发令时间"为接受操作指令的时间，在受令人接受第一次正式发布的操作指令并核对无误后填写。

（2）第二栏。第二栏的第一项"操作开始时间"在监护人向操作人下达第一项正式操作指令时填写，操作开始时间应在值班调度员发布正式命令以后（非调度管辖的设备由值班负责人下令）；第二项"操作结束时间"在本操作票所列操作项目全部执行完并经操作质量检查合格后填写；在操作任务未全部执行完但因故不再执行其余项目时，最后一项操作完毕并经操作质量检查合格的时间为操作结束时间。操作开始时间和操作结束时间只需在一个操作任务的第一页填写。

（3）第三栏。第三栏为操作类型，在对应操作类型栏打"√"。倒闸操作的类型：监护下操作、单人操作、检修人员操作。

（4）第四栏。第四栏为操作任务栏，按统一的调度术语简明扼要地说明要执行的操作任务，即操作前后设备状态变化清楚，并有符合现场实际的设备名称和编号；设备均应在其设备名称和编号前面加上相应的电压等级（主变和全站仅有一个电压等级的站用变除外）。

一份操作票只能填写一个操作任务，一个操作任务是根据一个调度命令或值班负责人的命令，且为了相同的操作目的而进行的一系列相互关联并依次进行的操作过程。

（5）第五栏。第一列"顺序"为分项顺序编号栏，同一分项的文字可占用数行，分项顺序编号不变并仅在第一行对应位置填写；整张操作票所有分项顺序编号必须连续。

第二列"操作项目"为分项内容填写栏，根据操作任务，按操作顺序及操作票的要求、规定，依次填写分项内容，可占用数页。

第三列"操作确认（√）"为分项确认栏，当某一项具体操作执行后，监护人在操作人操作、复诵完毕，并认真核对操作效果无误后打"√"；一项步骤占用多行时，在最末一行打"√"。

（6）第六栏。第六栏为备注栏，操作票票面正确，但因故未执行或操作进行到某一项时；因天气或设备故障等原因无法继续操作，造成操作任务无法完成时；在操作票未执行的各页（或未执行操作票的各页）任务栏左侧盖"作废"章，其原因应在作废的各页及第一个未执行项所在页备注栏注明。

备注栏内写"接下页"，在后一页的操作任务栏内写"接上页"。操作票填写完毕，在最后一项下面左边平行盖"以下空白"章。若最后一项刚好是票面的最后一行，微机打印的操作票可不用盖"以下空白"章，手工填写的操作票必须在翻页第一行对应位置盖"以下空白"章。手工填写的操作票，若最后一项刚好是该本操作票最后一页的最后一行，则应在下一本操作票的第一页第一行对应位置盖"以下空白"章。

（7）第七栏。第七栏为签字栏，操作人填写操作票完毕后，会同监护人根据模拟图板，核对所填的操作任务和项目，确认无误后签名；监护人根据模拟图板，核对所填的操作任务和项目，确认无误后签名；监护人核对无误后交值班负责人审核签名。

除按相关规定可以代签名的项目外，其余方式填写的操作票，均应由本人亲笔签名，不得代签。

（8）第八栏。操作执行完毕，在操作票最后一项下面右边加盖"已执行"章。

注意：操作票的填写必须填写设备的双重名称（名称编号），并严格执行监护制度和复诵制度。

3．下面几种情况为不合格操作票

（1）操作起止时间未填。

（2）操作票张页编号不连续。

（3）操作任务栏内，任务目的不清。

（4）分项填写不全。

（5）操作任务栏不使用双重编号。

（6）操作票填写的设备名称与现场实标不符。

（7）操作票用铅笔填写。

（8）填写时用"同上"或用"×××"填写者。

（9）操作项目顺序颠倒（以《电力安全工作规程》为准），书写漏项、执行中漏项及执行后未注有"√"符号。

（10）操作票中重要文字有涂改者（如"拉"、"合"刀闸、开关的调度编号），错字、漏字、涂改每页3处以上者。

（11）操作票上操作人、监护人、值班负责人不签字或由一人代签或由一人担任。

（12）不加盖或不正确加盖"已执行"、"以下空白"、"作废"章。

4．操作票填写的注意事项

（1）根据《电业安全工作规程》规定，操作票应填写设备的双重编号即设备的名称和编号，一般有下列两种形式。实际使用中，可按各级调度规定使用。

➢　编号在前，名称在后。

➢　名称在前，编号在后。

（2）操作票中下列四项不得涂改：①设备名称、编号；②有关参数和时间；③设备状态；④操作动词。

（3）操作票中的签名规定如下：填票人、审核人由填写操作票的运行班依次分别签名，并对所填操作票的正确性负责；操作人、监护人在执行操作任务前，应对操作票审核无误，在调度员正式发布命令后依次分别签名。

（4）检查项目的填写规定

①接地线的装拆不需要填检查内容，但拉合接地开关应填写检查内容。

②断路器由热备用转运行，不需要检查断路器确在热备用状态。

③断路器分、合闸后，操作票中只填写"检查断路器分、合闸位置"。

④母线电压互感器由运行转冷备用时，可不填写检查电压表指示情况，而由冷备用转运行时，应检查电压表指示情况。

⑤对二次回路操作，如连接片、熔断器、二次电源开关、空气断路器、切换开关等，操作后不要求填写检查内容，因为这些操作本身比较直观、明了。

⑥检查送电范围内确无遗留接地线，送电范围的含义是：变电站可见范围，不包括线路及对侧情况。送电指由电源侧向检修后的设备送电（充电），并非指仅仅对用户送电。

（四）操作票执行程序

1．接受预发调度命令（接受操作任务）

（1）受令人应检查录音设备，并保持录音设备的正常运行，将接受调度命令的全过程录音。

（2）发令人、受令人应互报单位、姓名、本人岗位。

（3）受令人在调度命令票上记录调度命令的全文内容，记录发令时间，明确操作目的和意图，询问清楚注意事项；如有疑问，应及时询问清楚。

（4）受令完毕，应逐字逐句复诵，经双方核对无误后，立即记入运行记录簿内；受令人立即汇报值班负责人。

（5）发布及接受调度命令均应由具备相应资格的人员（正值值班员、副值调度员）进行，并使用标准调度术语。有权发布、接受调度命令人员名单应事先书面公布。

2．分析操作任务

（1）值班负责人召集当班人员，通报调度命令内容、要求，听调度命令录音，讨论调度命令的正确性（如设备运行方式等）。

（2）明确操作任务和停电范围，并做好人员分工（分派操作人、监护人等）。

（3）拟订操作顺序，确定挂地线部位、组数及应设的遮栏、标示牌。明确工作现场临近带电部位，并订出相应措施。

（4）考虑保护和自动装置相应变化及应断开的交、直流电源和防止电压互感器、所用变二次反充高压的措施。

（5）分析操作过程中可能出现的问题和应采取的措施。

3．填写操作票

（1）根据调度命令、现场实际运行情况及操作分析讨论的结果，参考典型操作票，由当班操作人员对照一次模拟图板及二次图纸逐项填写操作项目。

（2）倒闸操作票应充分考虑系统变动前后一、二次系统的运行方式、继电保护自动装置的运行及整定配合情况。

（3）填写操作票的顺序不可颠倒，不能漏项，字迹应清楚，不得涂改，不得使用铅笔填写。

（4）禁止直接提取"典型倒闸操作票"和"预存倒闸操作票"。

（5）填票过程中出现的错票、废票，应立即盖"作废"章。某项填写错误时可在该项上盖"此项作废"章。

4．审核操作票

（1）三级审核。操作填写人填写完毕后进行自行核对；监护人再次进行审核；值班

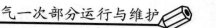

负责人进行最后审核。对审核中发现的错误应由操作人重新填写倒闸操作票；特别重要和复杂的操作还应由站长或上级技术人员进行审核。

（2）审核的要求。逐项审核操作票的正确性，是否存在错、漏项，颠倒顺序等问题；特别注意一、二次设备的衔接。

（3）审核结束后，操作人、监护人、值班负责人应分别在操作票上签名。在操作票最后一行下方盖"以下空白"印章。

（4）进行必要的操作准备。

5．接受正式操作命令

（1）当调度正式发布操作命令时，必须由当值值班负责人（正班）接受，在复诵无误后，立即将发布时间、人员记录在相关记录簿中，操作开始并记录操作开始时间。

（2）其余要求同预发调度命令。

预发调度命令与正式调度命令一起发布时，本步骤省略。

6．操作前准备

（1）准备好所需的安全用具并进行检查（如安全帽、绝缘靴、绝缘手套，验电器等；应检查外观正常、功能试验良好、试验日期合格等）。

（2）准备好所需的操作工器具并检查完好，如高压室钥匙、电脑钥匙、操作把手、录音笔、操作包、钢笔、万用表、兆欧表、夜间照明工具等。

（3）戴好安全帽，穿好操作服和操作鞋，严禁穿着不符合要求的服装进行倒闸操作。

（4）根据操作的类型、设备现存的问题、现场操作条件等，对可能会出现的危险进行预测、预控。要求要尽可能地将倒闸操作中的危险性列举出来，并制订相应的预防措施。

（5）操作票、钥匙（包括电脑钥匙）、录音笔、操作票夹板由监护人掌管；操作用具、安全工具由操作人携带。

7．模拟预演

（1）在操作实际设备前，监护人和操作人必须先在一次接线模拟图板上进行预演（无模拟图板的可在五防微机上进行预演）。模拟预演重点是检查操作票有无错误。

（2）预演时，仍应采用"唱票复诵"制，监护人唱票，操作人以手在模拟图板上进行演习并复诵，监护人确定无误后，操作人在模拟图板上转动模型开关、刀闸的位置。

（3）操作票中每一项都必须进行唱票、复诵，二次操作也必须进行唱票，复诵。

（4）预演到设备状态转换间隙，要有停顿、思考、查验的过程，如保护投退是否完全、一二次设备状态是否对应等，使模拟预演真正起到检验作用。

（5）微机五防系统预演正确后可以传操作票到电脑钥匙。

8．正式操作

（1）进入操作现场，操作人在前，监护人在后，操作人应按操作项目有顺序地走到应操作设备的位置，等候监护人唱票。

（2）操作人应站在操作设备的正面，不得超过 0.5 m 距离，操作中要求监护人站在操作人的左后侧或右后侧，其位置以能看清被操作设备的双重编号及操作人的动作为宜，便于纠正操作人的错误动作。

（3）操作过程中应集中精力、严肃认真，不谈与操作内容无关的话；每操作完一项，监护人应告诉操作人下一步操作的内容。

（4）操作中发生疑问时应停止操作并向值班调度员或值班负责人询问，弄清问题后，再进行操作，不准擅自更改其操作内容，不准随意解除防误闭锁装置。

（5）每一项操作均应严格执行以下几个步骤：

①现场三项核对。核对设备名称、调度编号、设备位置状态，严防走错间隔。

②唱票复诵。三项核对正确后，监护人对照操作票高声唱票；操作人应手指设备铭牌复诵，并做出操作演示；监护人确认正确，发出"对！……执行"的动作指令。

③执行操作。操作人在得到"执行"动令后，立即按照复诵时演示的动作对设备进行操作。

④复核设备是否操作到位。操作人与监护人到现场检查操作的正确性，如设备的机构指示，信号指示灯、表计变化、二次切换等，确定设备实际分、合位置。注意，《电力安全工作规程》规定，只有当设备的两个及以上的指示均已发生对应变化，才能确认设备操作到位。特别要注意指示信号的同源性可能带来误判，如刀闸的辅助触点。

⑤确认设备操作到位，监护人在操作票对应项上打"√"。本项操作结束。

9．完成操作，复核运行方式

（1）全部操作完毕后，由监护人和操作人共同进行复查。

（2）设备无异常，未发现任何不正常现象和声光信号；核对运行方式是否满足调度要求。

（3）仔细核对操作票上的项目是否已全部执行，每个项目序号前都打了"√"。

（4）复查无误后，由监护人填写操作终了时间。

10．汇报完成

（1）操作完毕后，监护人和操作人向值班负责人通报操作情况。

（2）由值班负责人及时向发令人汇报操作情况及终了时间，并录音，经发令人认可后，在操作票上盖"已执行"章。

（3）由操作人或值班负责人将汇报情况记入运行记录簿中。

11．操作评价

由值班负责人组织对操作情况进行评价，内容应包括操作中发现的问题、整改措施和要求。复杂及重要的操作由站长和跟踪操作的上级领导组织评价。

12．完善记录

主要有值班日志、调度指令票记录、倒闸操作记录、接地线装拆记录。具体由各单位自行规定。

在进行倒闸操作时应注意以下几点。

（1）倒闸操作必须由两人进行，其中一人对设备较为熟悉的作为监护人，另一人进行操作票的填写和操作。

（2）雷电时，严禁进行倒闸操作。操作过程中不得进行与操作无关的交谈或工作。

（3）执行倒闸操作的过程中，严禁擅自颠倒顺序、增减步骤、更改票面及跳项操作；如确实发现操作票有问题，应停止操作，重新填写操作票。

（4）操作中应注意设备的动作、指示、声音情况正确，方可继续操作；如发现疑问应立即停止操作，弄清后方可继续。不准擅自更改操作票，不准随意解除闭锁装置。

（5）除事故处理、拉合断路器（开关）的单一操作外的倒闸操作，均应使用操作票。事故处理的善后操作应使用操作票。

（6）装有电气闭锁或机构闭锁的隔离开关，应按闭锁装置要求进行操作，不得擅自解除闭锁。

（7）正确执行唱票复诵制度。由监护人根据操作票的顺序，手指向所要操作的设备逐项高声唱票，发出操作命令；操作人在接到指令后核对设备名称、编号和位置无误后，将命令复诵一遍并做出操作的手势，监护人看到正确的操作手势后，发出执行的指令。

（8）在操作隔离开关前，应先检查断路器在分闸位置，防止在操作隔离开关时断路器在合闸位置而带负荷拉、合隔离开关。

（9）操作中应使用相应电压等级合格的安全工具，防止因安全工具不合格，在操作时造成人身和设备事故。

（10）用绝缘棒拉、合隔离开关或经传动机构拉、合隔离开关和断路器，均应戴绝缘手套。雨天操作绝缘棒应加装防雨罩，还应穿绝缘靴；雷电时，禁止进行倒闸操作。

（五）防止误操作的措施

1．防止误操作的组织措施

（1）倒闸操作根据值班调度员命令，受令人复诵无误后执行。

（2）每张操作票只能填写一个操作任务，明确操作目的，写出操作具体步骤、设备名称、编号等，从根本上防止差错。

（3）实行操作监护制。倒闸操作必须由两人执行，对设备较熟悉者作为监护。操作时都应严肃、认真，以防止走错设备位置、走错间隔。特别重要和复杂的倒闸操作，应由熟练的值班员操作，值班负责人或值班长监护。

2. 防止误操作的技术措施

（1）高压电气设备都应加装防误操作的闭锁装置，达到"五防"的要求，即防止误分、合断路器，防止带负荷分、合隔离开关，防止带电挂（合）接地线（接地开关），防止带地线送电，防止误入带电间隔，这是重要的技术措施。闭锁装置的解锁用具应由监护人妥善保管，按规定使用，不许乱用，以避免造成误操作。

（2）操作票内按操作任务应填写有关装、拆接地线（或合、拉接地开关），切换保护回路和检验是否确无电压等。

（六）倒闸操作的误操作及防止措施浅析

恶性误操作影响巨大，国家安全生产法、消防法、道路交通管理法、突发事件应对法等法律法规的颁布施行，对较大及以上事故由政府安监部门介入调查，有可能成为刑事案件（渎职罪）。

1. 恶性误操作的主要原因

（1）管理行为不规范，有盲点。如接地线管理，典型操作票的管理等。

（2）员工操作行为不规范。如位置检查不到位，操作中设备名称核对不到位，操作动作不规范（某站测保护压板脉冲使用电流挡导致保护跳闸，接地线装设动作不规范导致摆动，对带电部位放电等）。

（3）疲劳作业，导致精力不集中，跳项、并项操作，图省事代操作等。

（4）操作专注度极高，忽视了外部环境，导致误入带电间隔、强制解锁等。

2. 提高倒闸操作安全性的几项措施

（1）硬件配置方面

1）装置性违章的防范。装置本身具有缺陷，不具有本质安全属性，常见的几种有：

①与带电部位距离不够。如断路器与线路刀闸同间隔等。

②防误操作装置配置不完善，特别是开关柜。"五防"功能不完善，开关柜除误拉、合开关可通过提示完成外，其余均需强制闭锁。电动操作的隔离开关，其主刀闸与辅助接地刀闸之间除要有机械强制闭锁外，还要有操作回路的电气联锁。

③断路器、刀闸等设备实际位置直接查看困难。间接判断位置找不到两个独立的条件，位置指示器、带电显示器（往往只有线路侧）、泄漏电流指示器至少要有两个发生对应的变化。

④带电显示装置配置不完善。每个设备均需监视位置，较好的办法是设置观察孔。

2）防误操作装置的配置完善及管理，具体如下：

①防误操作装置对防止恶性误操作具有重要而明显的作用。国家电网公司《防误操作装置运行管理规程》规定，挂网运行的设备必须要配置完善的防误操作设备。新装设备无防误操作装置不准投运，现有在运设备"五防"不完善的应尽快完善。

②明确各类防误装置的优缺点。电气联锁，功能可以较完善，但二次接线复杂，可靠性不高；机械联锁应用范围有限，需增加许多附加的机械装置，灵活性、可靠性也不高；机械"五防"闭锁较可靠，但运行方式不灵活；微机"五防"可靠性、灵活性均较好，但存在走空行程、不能防护线路有电、传票后方式变化不适应等问题。

③明确各类防误操作装置管理重点。

➢ 电气联锁：联锁逻辑是否正确，二次线缆、辅助开关的维护，设备扩建后更新相应逻辑库。

➢ 机械联锁：联锁逻辑正确，联锁装置维护。

➢ 机械五防：操作逻辑正确，锁具装置维护，防生锈、卡涩。

➢ 微机五防：五防逻辑规则库编制及审批，规则库的更新，锁具维护。

④加强解锁管理。确定解锁批准权限，明确解锁专责人员，解锁密封，启用登记，防误操作专责现场确认解锁。

3）操作工器具、安全用具的规范配置。《电力安全工作规程》要求的工频高压发生器的配置应尽快到位。

（2）软件方面

1）管理盲点的完善

①工作接地线管理要求：谁装设谁拆除原则；统一借用原则；工作票备注登记；送电前清查。

②第二操作人（位置核对）、第二监护人的管理：唱票复诵原则；人数尽量少，并在操作票上签字；管理制度明确责任；第一操作人、第二操作人之间操作项目分工及相互的衔接要规定清楚。

2）跟踪操作的管理

跟踪操作对提高倒闸操作安全性具有重要作用，要点如下：

①明确分级操作跟踪责任人。

②重点跟踪：调度操作目的及任务，操作票的正确性，执行顺序先后是否正确，是否走错间隔，纠正操作中的其他危险事项。

3）典型操作票及现场运行规程的管理

①典型操作及现场运行规程是现场培训的教材，一定要保证正确。典型操作票应分级审批，并明确相应人员的责任。

②关于间接验电、间接判断开关、刀闸实际位置的事项应明确规定清楚，应有两个独

立来源的信号发生对应变化。

③典型操作票应注明应用的运行方式。

④禁止直接使用典型操作票进行操作。

4）操作习惯的培养及标准化作业的完善

①提高员工对误操作危害的认识，误操作首先危及自身安全。

②层层推进，强化训练。

③根据实际情况制定倒闸操作标准工序工艺卡，并严格执行。

任务三　水电厂厂用电认知

现代发电厂在进行电能的生产中要求其生产过程自动化和采用计算机控制。为了实现这一要求，需要许多厂用机械和自动化监控设备为主要设备（汽轮机、锅炉、发电机等）和辅助设备服务，而其中绝大多数厂用机械采用电动机拖动。因此，需要向这些电动机、自动化监控设备和计算机供电，而为这些自用负荷提供电能的供电网络称为厂用电系统，简称厂用电。

厂用电系统的接线是否合理，对保证厂用负荷的连续供电和发电厂安全经济运行至关重要。厂用电系统的电源、接线形式、设备选择、运行方式的安排都必须具有高度的可靠性，并考虑必须满足运行、检修和施工的需要，以确保机组及系统的安全、经济运行。

一、厂用电率

发电机的总发电量包括厂用负荷消耗的电量（厂用电量）和向电网输出的电量（上网电量）以及各种损耗的总和。因此，厂用电量的大小对发电厂的经济性有着直接的重要影响，通常用厂用电率来表示这一数值的大小。

厂用电率 K_p 是指厂用负荷的耗电量（kWh）与同一时间段内发电机的总发电量（kWh）的比值，用百分数来表示。厂用电率是发电厂运行的主要经济指标之一，降低厂用电率是发电厂节能降耗的重要方面，既可以降低发电成本，又可以增加对电力系统的供电量，提高经济效益。

厂用电率与发电厂类型、机械化和自动化程度、燃料种类、燃烧方式及蒸汽参数等因素有关，凝汽式火电厂为5%~8%，热电厂为8%~10%，水电厂为0.3%~2%。目前，1000MW超超临界发电机组的厂用电率为4.45%。

优化系统设计，选用优质高效的辅机设备，采用先进的科技手段是降低厂用电消耗的前提，运行单位先进的管理水平、高素质的运行维护队伍是降低厂用电指标的保证，只有通过设计、安装和运行单位的密切配合和协作，才能取得良好的节能降耗效果。

二、厂用电负荷的分类

（一）厂用电负荷按用途分类

水电厂的厂用电负荷，按用途通常分为以下三类：

1．水轮发电机组的自用电

机组自用电是指机组及其配套的调速器、主阀等的辅助机械用电，通常有：机组轴承的润滑油（水）泵、机组技术供水泵、排水泵，调速器压油装置的压油泵、漏油泵，主阀压油装置的压油泵、漏油泵，输水管道的电动阀门，进水闸门启闭机，可控硅励磁装置的冷却风扇和起励电源等。这些负荷直接关系到机组的正常运行，大多数为重要负荷。

2．站内公用电

站内公用电是指直接服务于电厂的运行、维护和检修等生产过程，并分布在主、副厂房、开关站、进水平台和尾水平台等处的附属用电，通常包括：

（1）油、气、水系统的用电。其中油系统如滤油机、油泵等，气系统如高、低压空压机等，水系统如联合技术供水泵、消防水泵、厂房渗漏排水泵、机组检修排水泵等。

（2）直流操作电源与载波通信电源。

（3）厂房桥机、进水口阀门、尾水闸门启闭机等。

（4）厂房和升压站照明和电热。

（5）全厂通风、采暖、空调、降温系统。

（6）主变压器冷却系统的风扇、油泵、冷却水泵等。

（7）其他如检修电源、试验室电源等。

这些负荷中也有不少为重要负荷。

3．站外公用电

站外公用电主要是坝区、水利枢纽等用电，主要有溢洪闸门启闭机、船闸或筏道电动机械、机修车间电源、生活水泵、坝区及道路照明等。这类负荷布置比较分散。根据水电站的型式不同，其位置和布置也不同。

（二）厂用电负荷按重要性分类

厂用电负荷，按重要性通常分为以下五类：

1．Ⅰ类负荷

它指短时（一般指手动切换恢复供电所需的时间）停电将影响人身或设备安全，使机组运转停顿或发电量大幅度下降的负荷，接有Ⅰ类负荷的高、低压厂用母线，应设置备用电源。当一个电源断电后，另一个电源能立即自动投入。

2. Ⅱ类负荷

它指允许短时（几秒至几分钟）停电，但较长时间停电有可能损坏设备或影响机组正常运转的负荷，对接有Ⅱ类负荷的厂用母线，应由两个独立电源供电，一般采用手动切换。

3. Ⅲ类负荷

它指长时间停电不会直接影响生产的负荷。对于Ⅲ类负荷，一般由一个电源供电。

4. 事故保安负荷

停机过程中及停机后一段时间内应保证供电的负荷。这类负荷停电将引起主要设备损坏，重要的自动控制失灵或推迟恢复供电。

根据对电源的不同要求，事故保安负荷分为两种。

（1）直流保安负荷，由蓄电池组供电。

（2）交流保安负荷，平时由交流厂用电供电，失去厂用电源时，交流保安电源（一般采用快速自启动的柴油发电机组）应自动投入供电。

5. 不间断供电负荷

不间断供电装置一般采用蓄电池组供电的电动发电机组或配备静态开关的静态逆变装置，发电厂的类型及容量不同，厂用电的重要程度也有所差异。水电厂一般都设厂用低压变压器，大型水电厂设厂用高压变压器，以满足对各种厂用负荷供电的要求。

（三）厂用电负荷按运行方式分类

厂用电负荷按运行方式分为以下几类：

1. 经常连续运转负荷

如技术供水泵、浮充电电源、轴承润滑油泵或水泵、主变冷却风扇以及照明、通风、取暖和空调等。

2. 经常短时断续运转负荷

如油压装置油泵、厂房渗漏排水泵、高低压空压机、水轮机顶盖排水泵等。

3. 不经常连续运转负荷

如机组检修排水泵、蓄电池充电电源、油处理室设备和某些检修用电。

4. 不经常短时断续运转负荷

如闸门启闭机、蝶阀压油装置压油泵、消防水泵、各种短时工作的备用泵等。

这里所指的"经常"与"不经常"是指该负荷的使用机会。"经常"是指负荷与正常生产过程密切相关，一般每天都要使用的电动机；"不经常"是指正常时不用，只在检修、事故或开、停机时使用的电动机。"连续"、"短时"、"断续"是指每次使用时间的长短。"连续"是指每次带负荷运转 2h 以上；"短时"是指每次连续带负荷运转 10~120min；"断续"

是指每次使用时从负荷运行到停止,反复周期性地工作,而每个工作周期均不超过 10min。

5.自启动电动机

一般 I 类和部分 II 类自用负荷能自启动。

6.不能自启动电动机

一般 III 类和部分 II 类自用负荷不能自启动。

自启动是指当自用电源短时消失后又恢复(如切换电源和故障后恢复)时,原来运转的自用电动机在电源消失时停止运行后无需运行人员启动操作即可自动启动,迅速恢复运转。自启动能大大缩短电动机重新启动的时间,对一些不允许长时间停电的 I、II 类负荷来说是很重要的。由于自用变压器的容量有限,不可能所有的电动机都参与自启动,另外有部分电动机短时停电对发电厂正常运行不会造成直接影响。所以,自用电动机可分为具有自启动和不具有自启动两类。

三、厂用电负荷的特点

中小型水电站的自用电特点是:

(1)自用电容量占电站总容量的比例很小,一般只占总容量的 0.5%~3%。

(2)自用电的主要负荷是电动机,一般单项容量不超过 40kW,额定电压采用 380V,因此中小型水电站的自用电供电电压一般采用 380/220V 中性点接地的三相四线制系统。

(3)大部分的自用电负荷都是不经常运行的,只有少部分负荷是处于经常运行状态,且其中大部分是属于短时、断续运行的,因此整个自用电的负荷率和同时率很低。

(4)各种自用电设备的重要性是不相同的。少部分负荷如机组润滑系统、主变冷却装置以及可控硅励磁系统的冷却装置用电等维系着整个电站的正常生产和安全,对供电的可靠性要求很高,而大部分自用负荷短时停止工作并不影响电站的正常运行。

因此,在设计自用电系统时,要考虑在电站处于各种运行状态下保证自用电的供电可靠性。

任务四　水电厂厂用电运行与维护

自用电接线是指从自用变压器高压侧的引接点到厂用负荷的整个网络,包括电源引接点、高低压母线接线和供电回路接线等部分。厂用电接线的总体要求是要保证对厂用负荷的供电可靠性和连续性,力求接线简单、清晰,运行维护方便,同时整个网络供电线路要尽可能短,达到节省电缆和导线、减小损耗、方便管理的目的。

一、厂用电的电源引接点

厂用电的引接点是指自用变压器的高压侧与电厂或电网连接点。显然,引接点的供电可靠性很大程度上取决于自用电的可靠性。由于引接点本身并非供电电源,为了满足对自用电的要求,要求引接点必须与一个或几个电源相连,实现多电源的供电。

厂用电源是由一个引接点与厂用变压器串联组成的单元。尽管引接点连接多个电源,但由一个引接点连接的厂用变压器所构成的厂用电源总是会出现故障而停止供电的情况,如引接点的母线电压消失或厂用变压器故障。为满足供电可靠性,自用负荷一般采用双厂用电源供电,即既有工作电源又有备用电源,当工作电源故障或消失时,由备用电源继续供电。因此,备用电源必须与工作电源相对独立。当厂用电采用两台或两台以上厂用变压器供电时,作为工作电源和备用电源的两台厂用变压器就必须相对独立,一般不宜接在同一母线上。

备用电源的运行方式简称电源备用方式,通常有明备用和暗备用两种。若备用电源在正常情况下不运行,处于停电备用状态,只有在工作电源发生故障时才投入运行的备用方式,称为明备用。而暗备用是指两个电源平时都作为工作电源各带一部分自用负荷且均保留有一定的备用容量,当一个电源发生故障时,另一个电源承担全部负担的运行方式。两个电源之间是互为备用的关系,在中小型水电站中广泛应用,其特点是可靠性高,无明备用变压器的投入和冲击升压过程,但正常运行时自用变压器的负荷率低,效率差。

中小型水电站的自用电源尽可能从电压较低的高压母线上引接,常用的引接方式有以下几种:

(1)两台厂用变压器以分别接在单元接线的发电机电压母线或分段母线作为引接点,采用暗备用方式,这种备用方式厂用变压器高压侧一般采用高压熔断器引入,如图 3-20a、b 所示。当采用明备用方式时,宜采用断路器作为保护和操作电器。

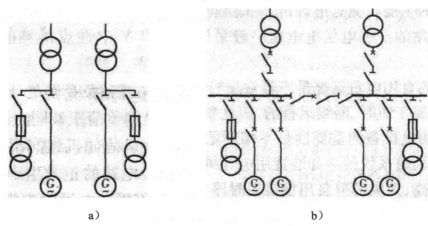

a)   b)

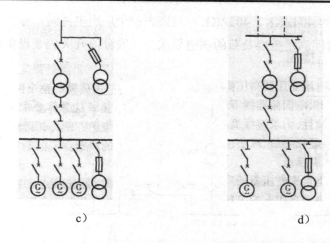

图 3-20　设两台自用变压器的电源引接方式

（2）两台厂用变压器以发电机电压母线为内侧自用电源引接点，以对侧有可靠电源（如对侧是电网或发电厂）的输电线路或升压侧母线为外侧自用电源引接点。厂用变压器的高压侧一般熔断器作为保护电器，采用暗备用的运行方式，如图 3-20c、d 所示。这两个引接点也是两个独立的供电电源。当全厂停止运行或主变退出运行时，仍保持有外侧供电电源，由系统倒送电供给厂用负荷，而且无需经过主变压器，节省了主变的损耗。

（3）设一台厂用变压器作为水电站厂用电源内侧引接点，作为厂用电工作电源，供给全部厂用负荷。其明备用电源来自附近独立的低压配电网络或附近变电站的高压母线通过另设一台变压器供电。若采用低压配电网作为备用，则要求其必须是独立于本站的电源，且可靠性高，使之真正作为可靠的备用电源使用。

二、厂用电的高低压母线接线

由于厂用负荷的正常工作直接影响了整个发电厂运行，为了保证对厂用负荷的供电可靠性，除保证厂用电引接点的供电可靠性外，还应保证厂用电母线供电的可靠性。为此，厂用电母线常采用单母线分段的运行方式。

（一）低压厂用母线接线

中、小型水电厂一般没有厂用高压负荷，根据厂用低压负荷的大小和重要程序，厂用母线可只分为二段或三段供电。如图 3-21 所示为某小型水电厂的低压（400V）厂用母线接线，低压Ⅰ段和Ⅱ段之间互为暗备用，低压Ⅲ段为Ⅰ段和Ⅱ段的明备用电源。厂用负荷分别接到两段低压母线上，并多用成套配电装置接受和分配电能。

对于两台厂用变压器以发电机电压母线为内侧厂用电源引接点，以对侧有可靠电源的输电线路或升压侧母线为外侧厂用电源引接点的引接方式，由于两个厂用电源的高压侧电压相位不同，低压侧的电压相位也不同。故厂用电低压母线不能并列运行，分段开关处于断开位置，如图 3-21 中的 404ZKK、405ZKK。当失去一个厂用电源时，分段开关投入另一段母线。为了使切换时间满足重要负荷的供电要求，一般分段开关应装设备用电源自动投入装置。

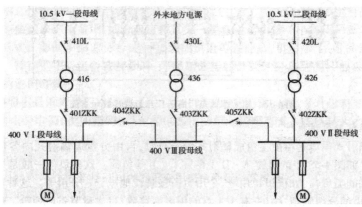

图 3-21　某小型水电厂低压厂用母线接线

（二）高压厂用电接线

大型水电厂有一部分高压负荷，厂用母线接线通常都采用单母线按机组分段接线形式。图 3-22 所示为某大型水电厂的高压厂用母线接线。该厂装有四台水轮发电机组，设有五段 10kV 级厂用母线，其中四段分别从各自机组的主变压器低压侧（6.3kV）引接电源，通过各厂用变压器升压为 10kV 电源送至相应的厂用高压母线段。I 段、II 段、III 段、IV 段母线之间互为暗备用；另外一段 10kV 备用段作为全厂厂用备用电源，由与电厂相连接的附近变电站降压供电；第 V 段作为 I 段、II 段、III 段、IV 段的明备用电源，从而保证了厂用电的可靠性。

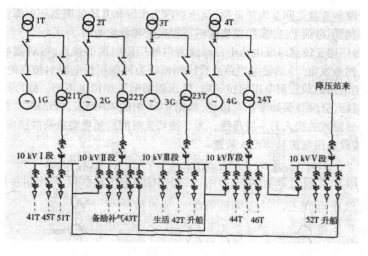

图 3-22　某大型水电厂高压厂用母线接线示意图

各段高压厂用电由 10kV 母线通过电缆，一部分接高压负荷；另一部分接到低压厂用变压器降为 380/220V 电压等级供电给低压负荷。

三、厂用电的供电回路接线

厂用电的供电回路，常采用以下几种接线方式。

（一）单层辐射式供电

单层辐射式供电是指负荷由厂用母线直接供电的接线。如图 3-23 中接在母线 I、II 上的 a、b、c、d 等负荷。每个负荷都有单独引接，配有隔离、操作和保护电器，互不影响，供电可靠性高。一般适用于距主盘较近或容量较大或某些重要的公用负荷，如自用吊车、直流整流电源、检修排水泵等。

（二）双层辐射式供电

双层辐射式供电是指由主盘成辐射式供给分盘，再由分盘成辐射式向各负荷供电的接线方式。如图 3-23 中的母线 A~D 上的 e、f、g、h 等负荷。这种负荷一般是远离主盘而比较集中的同类负荷。如机组自用电，公用负荷按装设地点分片分组等。这种供电的优点是：便于供电的分组管理、维护，减少主盘的供电回路数，可大量节省电缆等。但供电可靠性略差。

有的分盘内负荷回路不设引接隔离开关而只设进线的总电源隔离开关，这类分盘称为动力配电箱分盘，如图 3-23 中的 A、D 分盘。根据动力配电箱的结构不同可分为落地式和壁挂式（或嵌入式）。其特点是结构简单，布置紧凑，供电回路数多，体积小，可适用于不重要的小容量集中负荷。

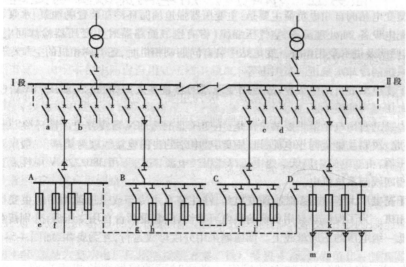

图 3-23　厂用电低压母线接线及供电回路接线

（三）干线式供电

对于一些相邻近的小容量Ⅲ类负荷或同一用电设备的不同负荷，可共用一组供电回路或电源电缆，直接在各负荷的操作电器的电源侧并接电源，如图 3-23 中的 m、n 回路中各负荷的供电。这种供电方式可以节省配电盘（箱），缺点是任意回路故障将直接影响到后面回路的供电，故可靠性差。

（四）互为备用式供电

互为备用式供电是指在双层辐射式供电的基础上，为了提高分盘的供电可靠性，分盘之间用电缆连接起来互为备用，或分盘直接从另一主盘上再引接一个备用回路，以提高可靠性的供电方式。如图 3-23 所示。这种接线的供电可靠性高，可用于Ⅰ、Ⅱ类负荷，如机组动力盘等。特别是在机组台数较多时，可采用此接线方式。分盘之间一般采用隔离开关手动切换的备用方式。

另外，照明也是重要的厂用负荷之一。由于照明相当分散，故常分片设置照明分电箱（照明箱），再由分电箱（照明箱）拉出单相电源供给单向照明器具。容量较大的发电厂各照明分电箱（照明箱）一般直接从主盘引接，或在主盘上设置一块专用照明配电盘统一向各照明分电箱辐射供电，以保证对照明的供电可靠性。同时，还应把直流电源引入照明配电盘内。当因故失去厂用电时，可在照明配电上采用手动或自动的方式进行电源切换，使厂内部分重要的照明转为直流电源供电。这部分重要的照明称为事故照明。而不需进行切换的为常用照明。它与事故照明各有一套独立的供电线路。

任务五　水电厂厂用电常见故障与处理

一、厂用电系统事故处理原则

由于厂用电系统对发电厂的正常运行极为重要，故应保证它的工作可靠性和连续性，因此当厂用电系统发生故障时，其处理原则是尽可能保持厂用设备的运行，特别是重要的厂用设备，危及机组安全时必须保证保安电源的连续供电。

（一）厂用电系统事故处理的一般原则

（1）首先要保证厂用电源，避免全厂停电。

（2）迅速限制事故发展，消除事故根源，解除对人身设备的威胁，防止事故进一步扩大。

（3）为保证非故障设备的继续运行，必要时可调整发电机机组功率，以保证对用户正常供电。

（4）迅速对已停电的用户恢复供电。

（5）迅速调整运行方式，尽快恢复供电。

（6）发生事故时，值班员应立即汇报主值，并做好记录，并向值长及专工、主管领导汇报一下内容：

1）开关跳闸动作情况及准确时间。

2）继电保护和自动装置动作情况。

3）频率、电压、负荷变化情况。

4）有关事故的其他情况。

（7）为尽快处理事故，恢复正常运行，在事故处理期间所进行的操作，可不填写操作票，但事故处理完毕后应将事故情况、处理过程、保护动作情况、事故时间及时做好记录，并向上级领导部门汇报。

（8）如在交接班时发生故障，在未办理交接班手续之前应由交接班人员处理，接班人员协助。

（9）处理事故应迅速果断，不应惊慌失措，在接到事故处理命令时，必须向发令人重复一遍命令内容，对命令不清楚或有疑问时，应询问清楚，命令执行后应立即报告给发令者。

（10）在以下紧急情况时，可不经请示上级，自行操作后再汇报：

1）将直接对人员生命有威胁的设备停电。

2）运行中设备受到严重损伤或破坏的威胁时，应及时加以隔离。

3）将已损坏的设备隔离。

4）当厂用电源全停电或部分停电时，尽快恢复电源的操作。

（二）事故处理时强送电的规定

（1）强送电时，应事先了解保护动作情况，以区别母线及设备有无设备故障，若有故障，禁止强送。

（2）若发现设备有明显故障特征：喷油、冒烟、着火、强烈弧光、油位不足等，禁止强送。

（3）在强送时，应做好设备的越级跳闸预想。

（4）检修后的设备充电中跳闸，禁止强送。

（5）厂用高压变压器（以下简称厂高变）分支断路器跳闸，快切装置动作未成功或未动作时，无备用分支过电流信号，应强送备用电源开关。

（6）若 6kV 工作母线无备用电源，厂高变分支断路器跳闸，影响机组安全运行时，确认母线无故障时，可强送厂高变分支断路器一次。

（7）若 6kV 母线由备用电源供电，备用分支跳闸，确认母线无故障时，可手动合上备用电源开关。

（三）事故处理过程中的注意事项

（1）必须防止人员触电、窒息、中毒，烧伤、烫伤、高空坠落等人身伤害。

（2）必须防止非同期并列、人员误操作、主要辅助设备损坏。

（3）防止保安电源、UPS 电源、直流电源、安全自动装置失电和控制系统失灵。

（4）防止带地线送电。

（5）防止保护使用不当。

二、厂用电事故处理的规定

（1）厂高变故障跳闸：除按《变压器运行规程》处理外．应查看厂用 6kV 保护动作情况，跳开某一分支断路器时，无论备用电源是否联动，均不得对该分支母线强送电；只有在故障查出并消除（隔离），测量绝缘合格后，才允许对该母线送电。

（2）启动/备用变压器（以下简称启备变）所在高压母线故障：当确认启备变回路无异常时，立即将启备变倒至非故障母线，尽早恢复厂用供电。

（3）6kV 母线失压：快切装置动作或手动强送后备用电源开关又跳闸，任何情况下均不允许再对该母线强送电；应查明原因，消除（或隔离）故障点，最后测量绝缘合格后，才可恢复该母线的送电。

（4）380V 母线失压：经确认是低压厂用变压器故障时，在低压厂用变压器可靠隔离后，可用联络开关对失压母线送电，如不能确定是否母线故障时，不允许用联络开关对失压母线送电，以免扩大故障范围。

三、厂用电事故处理方法

（一）厂用电全部失去

1．现象

（1）事故报警、交流照明灯灭、直流照明灯亮。

（2）汽轮机跳闸，锅炉 MFT、发变组与系统解列。

（3）厂用 6kV、400V 母线电压指示为零。

（4）所有交流电机电流指示至零，备用交流电动机不联动；电动门操作不动。

（5）汽轮机及小汽轮机直流润滑油泵，发电机空、氢侧直流密封油泵自启动。

（6）锅炉安全门可能动作。

（7）柴油发电机可能自启动。

（8）脱硫系统失电，FGD（烟气脱硫）跳闸。

2．处理方法

（1）立即启动柴油发电机运行恢复保安段供电。

（2）密切监视直流系统母线电压、蓄电池放电、UPS 系统运行情况。

（3）密切监视发电机密封油压，必要时降低氢气压力，防止氢气大量泄漏。

（4）尽快查明故障点并将其隔离。

（5）如果故障点不在启备变及其通道，应立即联系调度，恢复启备变运行。

（6）向调度汇报，通过联络线路尽快恢复主系统运行，必要时可先恢复部分。

（7）尽快恢复非故障 6kV 母线段、380V 母线段的运行。

（8）一旦具备启动条件立即启动，尽快将跳闸机组并入系统。

（二）6kV 母线 TV 熔断器熔断

1．现象

（1）警铃响。

（2）发"6kV 母线 TV 回路断线"信号。

2．处理方法

（1）将快切装置退出运行。

（2）断开 TV 直流控制开关。

（3）断开 TV 二次交流开关。

（4）将 TV 小车摇出，取下二次插件。

（5）更换熔断器，检查熔断器良好。

（6）给上二次插件，将 TV 小车摇至工作位。

（7）合上 TV 二次交流开关。

（8）合上 TV 直流控制开关。

（9）将厂用快切装置投入运行，复归快切装置并检查快切装置无报警信号。

（三）厂用 400V 母线故障

1．现象

（1）警铃响，故障母线保护及其对应的变压器有关保护光字牌报警。

（2）故障母线电源开关跳闸。

（3）跳闸的母线及变压器各表计指示为零。

2．处理方法

（1）复归音响、灯光、信号。

（2）查保护动作情况，记录并汇报值长。

（3）若为低压变压器的过流保护动作时，应查 400V 母线是否因负荷故障，而负荷开关拒动引起母线故障，将该负荷开关转为"检修"状态后，再恢复母线运行，并通知检修人员处理；发现明显故障点时，应及时隔离，测量母线绝缘合格后，母线恢复送电；若母线故障无法隔离的则将该母线转为检修状态，并将 400V 所带负荷进行电源切换，通知检修人员处理；无明显故障点时，应测母线绝缘合格后，试送电源正常后，对负荷逐一测绝缘合格后送电，发现问题及时汇报处理。

（4）如果故障点发生在任一 PC 段上，应设法消除故障点恢复送电；若一时消除不了，切换故障段所代 MCC 电源，通知检修处理。注意切换时一定要采用先拉后合的方法，避免倒送故障段。

（四）6kV 母线工作电源开关跳闸

1. 现象

（1）事故音响报警。

（2）工作开关跳闸，快切装置动作。

（3）若备用电源开关联动未成功，跳闸段电压指示到零。

2. 处理方法

（1）查快切装置动作是否成功。

（2）若快切装置动作不成功且无备用分支过流信号，应用备用电源对失压母线强送电一次，不成功不得再强送。

（3）快切装置动作不成功或强送时，保护动作使开关跳闸，此时母线可能存在永久性故障，应对失压母线停电测量绝缘，通知检修人员检修处理。

（4）当发电机变压器组或厂高变保护动作，6kV 母线工作电源开关跳闸，快切装置动作不成功，使厂用电源中断，应查明开关确断，用启备变恢复厂用电源。

（五）6kV 系统单相接地

1. 现象

（1）6kV 系统接地光字牌报警，警铃响。

（2）绝缘监视电压表三相指示值不同，接地相电压降低或等于零。

（3）其他两相电压升高或升高为相电压的 $\sqrt{3}$ 倍，电压互感器开口三角形侧电压升高。

（4）小电流选线装置报警，消谐装置报警。

2. 处理方法

（1）根据现象进一步检查确认接地故障范围，汇报值长。

（2）查询各岗位有无 6kV 设备启动或跳闸，若有启动设备应在条件允许情况下将其

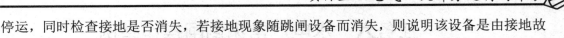

停运，同时检查接地是否消失，若接地现象随跳闸设备而消失，则说明该设备是由接地故障引起的跳闸。应停电交检修处理。

（3）若无上述情况，应穿好绝缘鞋，到 6kV 配电室进行检查，检查过程中不得赤手接触运行设备外壳。检查小电流接地选线装置的检测结果及接地信号、掉牌，判断接地设备和位置。

（4）检查消弧电阻完好，但不得接触，并保持足够的安全距离。

（5）若查不出接地点时，可将工作电源切换为备用电源供电，以检查厂高变 6kV 侧线圈、引线、共箱封闭母线是否发生接地故障。

（6）仍不能查出接地点时，应汇报值长并与相关岗位值班员取得联系，用瞬时停电法查找。原则是先拉不重要的负荷支路，最后拉重要的负荷支路。

（7）检查接在母线上的配电装置是否发生接地（如避雷器、互感器等），但此项查找工作必须采取相应安全措施，防止保护误动作和弧光短路。

（8）6kV 系统接地运行时间不得超过 2h。若 2h 内经上述各种方法查不出接地点时，应判定是母线本身接地，申请母线段停电处理。

（9）在查找接地的过程中，应严格执行《电力安全工作规程》中的有关规定，防止发生人身事故。

（六）DCS 控制系统失灵

1．现象

（1）实时监控参数失效不刷新。

（2）闭环控制器失灵，调节特性恶化。

（3）调节特性发散。

（4）控制器执行机构失灵。

2．处理方法

（1）对于运行中 DCS 故障的紧急处理，对 DCS 故障处理把握性不大，或故障已严重威胁机组安全运行的情况下，绝不能以侥幸的心理维持运行，应立即通过硬手操盘停止发电机、汽轮机、锅炉运行。

（2）当全部操作员站出现故障时（所有上位机"黑屏"或"死机"），因立即停机。

（3）当部分操作员站出现故障时，应由可用操作员站继续承担机组监控任务（此时应停止重大操作），同时迅速排除故障；若故障无法排除，则根据当时运行状况酌情处理。

（4）当部分操作员站出现故障，若故障无法排除，宜申请停止发电机运行。

（5）调节回路控制器或相应电源故障时，应将自动切至手动维持运行，同时迅速处理系统故障，并根据处理情况采取相应措施。

任务六　水电厂常见倒闸操作举例

一、非同期并列操作

从发电机并列操作前的准备及并列操作的步骤看，各种措施的核心就是防止非同期并列，以下介绍几种非同期并列实例，以增强对其重要性的认识。

（一）电缆头 A 相、C 相接反引起非同期并列事故

如图 3-24 所示，某发电机通过电缆与系统相接。因电缆头漏油停机处理，恢复时发电机侧的电缆头 A 相、C 相接反，结果发电机与系统相接时，正相序 A、B、C 变成了负相序 C、B、A。并列前虽测量发电机电压互感器 TV1 和母线电压互感器 TV2 相序，均为正相序，但未经核相试验，所以并机前一直未发现电缆头接错的严重错误，造成发电机并列时发生 60°非同期并列事故。并列时断路器断口电压为线电压，这类似发电机 A 相、C 相间发生短路，使发电机绕组严重损伤。

如图 3-24 所示，发电机电压互感器 TV1 和母线电压互感器 TV2 均为 Y/Y0-12 接线，一次、二次侧同名相相电压、线电压均同相位。当发电机出口断路器 QF 断开时，分别检查 1a、1b、1c 和 2a、2b、2c 均为正相序。如果电缆不接错，在 QF 断开时，分别将代表发电机电压的 $\dot{E}_{1ab}$ 和代表系统电压的 $\dot{E}_{2ab}$ 送同期装置，当两者满足同期条件时合上 QF，就能完成同期并列工作。由于接错线，相当于将 A 相、C 相互换后取电压信号，$\dot{E}_{2ab}$ 变成 $\dot{E}'_{ab}$ 后比较相位。很显然，当 $\dot{E}'_{2ab}$ 与 $\dot{E}_{1ab}$ 同相位时，$\dot{E}_{2ab}$ 与 $\dot{E}_{1ab}$ 相位差为 60°。

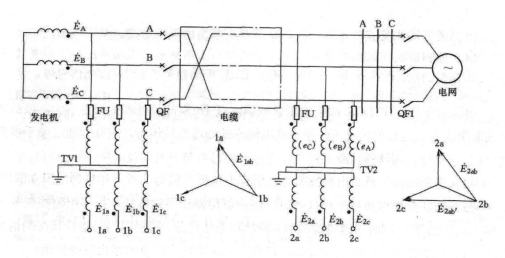

图 3-24　发电机电缆头 A 相、C 相接反示意图

实际上电缆接线错误通过自核相就很容易发现。断开 QF1，合上 QF。将发电机升到额定电压后，分别测量 1a、1b、1c 和 2a、2b、2c 之间的电压。由于电缆 A 相、C 相接反，TV2 的 A 相绕组上加的是 C 相电压，C 相绕组上加的是 A 相电压。所以，同名相 1a 段与 2a、1c 和 2c 之间的电压均为线电压，不满足表 3-5。应查找接线错误，直到满足表 3-5 为止。一般来说，母线电压互感器接线是在与系统（电源）核相时确定的，发电机电压互感器及引线必须以母线和母线电压互感器为参照校核，才能保证发电机正确地与系统并列。本例中，应以 TV2 为参照，调整 1a 段、1b、1c 或电缆头接线，又因为检修的是电缆头，所以首先因考虑的是改变电缆头接线。

表 3-5 核相测量电压关系表

U	1a	1b	1c
2a	0	100	100
2b	100	0	100
2c	100	100	0

（二）电压互感器连接组别接错引起非同期并列事故

某机组发电机电压互感器 TV1 和母线电压互感器本来和图 3-24 一样，都是 Y/Y0-12 连接组，但发电机电压互感器检修时，将 TV1 的二次绕组的极性搞错了，首尾颠倒引出，连接组别由 Y/Y0-12 变成为 Y/Y0-6 连接组，如图 3-25 所示。未经核相检查就启动机组，直到发电机并列时，值班人员确实在同期点合的闸，却出现了强烈的冲击电流，引起发电机强励动作，这才发现问题。很显然，这是一起 $\delta=180°$ 的非同期并列。

连接组别接反的相量图如图 3-25 所示。但同期回路接线仍然保持原来的接线，于是，将电压 E'_{1ab} 与 E_{2ab} 送同期装置进行同期检测。显然，当 E'_{1ab} 与 E_{2ab} 与同相时，发电机实际电压 E_{1AB} 必然与母线电压 E_{2AB} 反相，因而引起 180°非同期并列。在检修过程中很容易接错引线极性而引发 180°非同期并列。

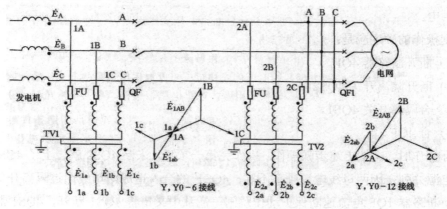

图 3-25 电压互感器连接组别接错示意图

核相时，这个错误也是很容易发现的。如断开 QF1、合上 QF，让发电机电压同时进入 TV1 和 TV$_2$，并投入同期。此时 E_{1AB} 与 E_{2AB} 同相，E'_{1ab} 与 E_{2ab} 必然反相，同期表定会显示不同期。

（三）运行人员误操作引起非同期并列

运行人员误操作引起非同期的例子很多。例如，某厂在发电厂并列操作时，同期装置已发出并列操作信号，但断路器不能合闸。在查找原因时未将母线侧隔离开关拉开，在进行拉、合试验和活动合闸接触器时，造成断路误合闸，使发电机在任意功角 δ 下并入电网。还有的在同期表卡针时盲目合闸，以及系统运行方式不清楚盲目操作造成非同期并列等。下面利用图 3-26 介绍一起操作顺序错误引起的非同期并列事故。

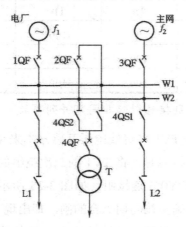

图 3-26 隔离开关非同期并列

如图 3-26 所示，某电厂 35kV 双母线母联断路器 2QF 断开，分母线运行。母线 W1 由电厂供电；变压器经断路器 4QF、隔离开关 4QS2 接母线 W2，由主网供电。由于电厂和主网未并列，其间有频率差 $\triangle f = f_1 - f_2$。某日，调度命令将变压器 T 由 W2 倒至 W1，改由电厂供电。

倒闸操作的顺序应是：

（1）断开断路器 4QF。

（2）断开隔离开关 4QS2。

（3）合隔离开关 4QS1。

（4）合 4QF。

实际操作时，未按上述步骤操作。操作完第一项后，未断 4QS2 就合上了 4QS1，使两母线的电源并列；因两母线电源频率不等，4QS1 的合入造成两母线通过隔离开关非同期并列，使断路器 1QF 电流速断保护动作跳闸，慌乱中又错将 4QS1 断开，4QS1 断开时的电弧造成母线 W1 接地，线路 L1 停电，4QS1 烧毁。

二、误拉、误合断路器及隔离开关

倒闸操作是电气设备运行中的一项经常性工作，必须严肃、认真，按操作规程办事，按操作票执行，稍有疏忽，往往会造成不可挽回的损失。以下介绍几个具有代表性的事故，希望引起重视和注意，吸取事故教训，防止类似事故再发生。

某发电厂，发电机变压器组停止运行后，工作厂变 T1 停电，厂用电负荷由备用厂变 T0 供电，运行方式如图 3-27 所示。机组启动前，继电保护班临时口头联系要给 T1 做保护传动试验（无工作票），值班人员忘了断开隔离开关 QS1，就先合上了 T1 的断路器 QF1、QF2，造成厂用电向发电机 G 反方向送电，发电机以电动机方式全电压启动，QF4 分支过电流保护动作，6kV 的 A 段母线停电。简要分析如下。

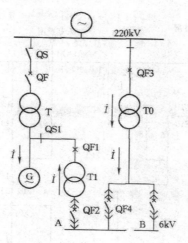

图 3-27 厂用电向发电机反送电示意图

合上 QF1、QF2 时，220kV 系统通过备用变 T0、断路器 QF4、QF2、QF1、T1、QS1，形成向发电机供电回路。由于发电机的电抗远远小于厂用变压器的电抗，故反充电电流 I 很大，经计算其值约为正常时厂用变压器 T1 出口三相短路电流的一半。由电机学原理知道，给发电机三相定子绕组突然加上额定电压时，由于转子处于静止状态，定子电流的磁场高速切割转子绕组，其阻尼绕组和励磁绕组（若灭磁开关合上）相当于变压器突然短路的次级绕组，暂态电抗小，反充电电流大是不难想象的。反送电的直接危害有以下几点：

1）引起 6kV 的 A 段、B 段两段厂用母线电压严重下降。由于发电机的阻抗很小，约为厂变 T1 短路阻抗的 1/10，6kV 母线电压经计算约为 $50\%U_N$。而 6kV 的 A 段、B 段马达低电压保护整定为 $65\%U_N$，低电压保护将动作使部分运行的高压电动机跳闸；与此同时，在故障厂用母线上连接的低压厂用变压器二次侧（380V）电压也将严重下降，引起部分低压电动机跳闸。

2）由于启动电流很大，故可能引起 QF4 的分支过流保护护动作跳闸，6kV 的 A 段母线停电。

3）在毫无准备的情况下，发电机突然自动转起来，可能对人身、设备安全带来不良影响。

为了防止向发电机回路反送电，应在运行操作上采取以下措施：①发电机一旦与电网解列，QF 断开后，应及时拉开母线隔离开关 QS；②对于发电机变压器组，还应拉开工作厂用变压器的高压侧隔离开关 QS1，或将低压侧小车断路器 QF2 拉至检修位置。以保证电源回路有明显的断开点。对于采用封闭母线的单元机组，没有 QS1 和 QF1，更应注意断开低压侧小车开关 QF2（如图 3-28）。发电机检修恢复备用后，同时工作厂用变压器也可恢复备用，但 QS1 宜在发电机并网后再合入或推入工作位置。然后根据需要合上 QF1 和 QF2，投入 T1 运行。

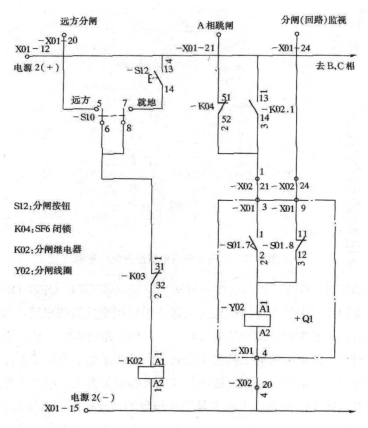

图 3-28　断路器手动及 A 相分闸回路

从这个例子看出，发电机停电时，将励磁回路断开是必要的。

如果反送电电源来自主变，即 220kV 系统通过主变向发电机反送电，由于主变的阻抗比两个厂变的小得多，反充电电流就更大。具体案例如下：

（1）某发电厂，1 号发电机解列后去拉母线侧隔离开关，在检查发变组主断路器是否断开时，却误将断路器合上，使 200MW 发电机全电压启动，线路保护动作跳闸（线路另一端的保护），全厂停电。

（2）某发电厂，3 号发电机启动升速已达 1400r/min，班长派人去合该机 220kV 母线隔离开关。因工作互不联系，班长又在单元控制室拉合发电机断路器，造成 3 号发电机在全电压下启动，使母线电压骤然下降，线路保护动作跳闸。

（3）某发电厂，3 号发电机大修后做保护传动试验时，应拉合 3 号发电机的灭磁开关，但值班人员走错位置，又无人监护，却误拉了相邻运行中的 4 号发电机的灭磁开关，致使该发电机失磁，系统摆动。发现错误后，匆忙中合上 4 号发电机的灭磁开关企图挽救，却使事故进一步扩大，引起该机主断路器及其厂用变压器的断路器联锁跳闸，100MW 机组停运。

（4）某发电厂，3 号机与 4 号机共用一台备用变压器（类似图 3-29，1 号机组与 2 号机组共用一台启备变）。4 号发电机停机前倒工作厂用变压器，值班人员未查对厂用电运行方式，主观上认为在 3 号机组控制室操作的备用厂用变压器高压侧断路器已合上了（实际未合）。于是在 4 号机组控制室合上备用厂用变压器的低压侧断路器，就将 4 号工作厂用变压器的断路器拉开未看备用厂用变压器是否带负荷，也未看 4 号工作厂用变压器电流是否转移，引起 6kV 的 4 段（与 4 号机组对应的厂用母线）厂用母线停电。

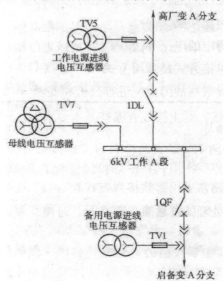

图 3-29　6kV 电压互感器

（5）某 110kV 变电所，110kV 1 号母线停电后，拉母线电压互感器隔离开关时，却走错位置，又未查对编号，造成误拉运行中的 110kV—2 号母线电压互感器隔离开关，致使 110kV 全部线路的阻抗保护失去电压误动跳闸，全所停电。

（6）某发电厂，2 号发电机在备用中，摇测发电机绝缘电阻准备启动。值班人员错误地走到运行中的 1 号发电机间隔，将 1 号发电机的两组电压互感器拉开，引起强励动作，低电压过电流保护动作跳闸，造成 1 号发电机解列停机。

（7）某发电厂，厂用 6kV 的 A 段母线工作电源的 8 号小车断路器检修后送电时，发现触头接触不良，需拉出重新推入。适行值班员寻找操作工具返回继续操作时，走错间隔误将相邻的 7 号小车断路器（为 1 号炉甲引风机电动机断路器）拉出，因该断路器机械闭锁失灵未跳闸，带负荷拉小车断路器，引起 6kV 的 A 段母线弧光短路，1 号炉灭火，1 号发电机解列，引起系统振荡，地区电网频率降到 46.8Hz。

（8）某电厂热控检修人员办票后到 2 号机更换发电机定子冷却水进水就地压力表，当时运行巡检员同去，因定子冷却水进口压力表二次阀关闭后，二次阀杆漏水严重，巡检员怕水影响 6kV 开关室通风口，将发电机定子冷却水进口压力表一次阀关闭，使断水保护差压信号消失，引起断水保护动作。所以，单元机组运行人员掌握保护原理和配置是很重要的。

【任务工作单】

任务目标：

能在现场进行主接线的巡视、维护和进行简单的事故处理

能按要求填写倒闸操作票

能确定水电厂厂用电的电压等级

能分析厂用电的引接方式及备用方式

能对厂用电系统异常与故障情况进行分析和处理

1．什么是电气主接线？对主接线有哪些基本要求？

2．对倒闸操作有什么要求？

3．水电厂厂用电负荷是如何分类的？

4．厂用电的供电回路常采用哪些接线方式？

5．厂用电系统事故处理的注意事项？

项目四　互感器运行与维护

【学习目标】

➢ 知道互感器的概念、作用。
➢ 知道电流互感器和电压互感器的工作原理、类型及接线方式。
➢ 掌握电流互感器和电压互感器异常判断及处理。

【项目描述】

新建的 35kV 变电站有两段 10kV 母线，每段都装有由三台电压互感器组成的电压互感器组。将 10kV 母线分段投入试运行时，遇到了一些奇怪现象：第 I 段母线送电后，该段母线上的电压互感器二次侧电压值很不平衡，而且开口三角处出现很高的电压。立即停电对 10kV 母线及电压互感器等作了全面的检查和测试，没有发现任何问题。再次投入运行时，三相电压仍然很不平衡，而且使该组互感器中的两相很快烧损。于是换上不同厂家生产的、经全面试验合格的互感器进行几次试投，但二次侧电压值有时正常，有时又不正常，而且每次投入的电压数值也不相同，并伴有接地信号。假如你是检修人员，请你对该故障进行检修。

任务一　互感器认知

一、互感器的概念

互感器是电力系统中一次系统和二次系统之间的联络元件，分为电压互感器（TV）和电流互感器（TA），用于变换电压或电流，分别为测量仪表、保护装置和控制装置提供电压或电流信号，反映电气设备的正常运行和故障情况。在交流电路多种测量中，以及各种控制和保护电路中，应用了大量的互感器。测量仪表的准确性和继电保护动作的可靠性，在很大程度上与互感器的性能有关。

二、互感器的作用

互感器的作用体现在以下几个方面：

（1）将一次回路的高电压和大电流变为二次回路的标准值。通常电压互感器（TV）额定二次电压为 100V 或 $100/\sqrt{3}$ V，电流互感器（TA）额定二次电流为 5A、1A 或 0.15 A，使测量仪表和继电保护装置标准化、小型化，以及二次设备的绝缘水平可按低压设计，使其结构轻且价格便宜。

（2）所有二次设备可用低电压、小电流的控制电缆来连接，这样就使配电屏内布线简单、安装方便；同时也便于集中管理，可以实现远距离控制和测量。

（3）二次回路不受一次回路的限制，可采用星形、三角形或 V 形接线，因而接线灵活方便。同时，对二次设备进行维护、调换以及调整试验时，不需中断一次系统的运行，仅适当地改变二次接线即可实现。

（4）使一次设备和二次设备实现电气隔离。一方面使二次设备和工作人员与高电压部分隔离，而且互感器二次侧还要接地，从而保证了设备和人身安全。另一方面二次设备如果出现故障也不会影响到一次侧，从而提高了一次系统和二次系统的安全性和可靠性。

任务二　电流互感器的运行与维护

电流互感器是一种专门用于变换电流等级的特殊变压器。目前，电流互感器正在向与相关电气设备相配套形成组合电器的方向发展。国内使用的电流互感器以带有保护级的油浸式结构为主，电流互感器的工作原理与变压器的工作原理相同；只是一次绕组匝数很少，而二次绕组匝数很多，可将一次侧的大电流变成二次侧的小电流，供给各种仪表和继电保护装置使用，同时实现一、二次设备在电路上的隔离。

一、电流互感器的工作原理

电力系统中广泛采用电磁式互感器，其原理如图 4-1 所示。

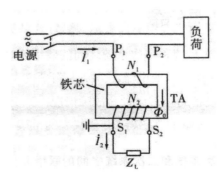

图 4-1　电流互感器工作原理图

电流互感器的一次绕组串联于被测量电路内，二次绕组与二次回路串联。其工作原理与变压器的相似。当一次绕组流过电流 I_1 时，在铁芯中产生交变磁通，此磁通穿过二次绕组，产生电动势，在二次回路中产生电流 I_2。

二、电流互感器的特点

电流互感器用在各种电压的交流装置中。电流互感器和普通变压器相似，都是按电磁感应原理工作的，与变压器相比电流互感器特点如下。

（1）电流互感器的一次绕组匝数少截面积大，串联于被测量电路内；电流互盛器的二次绕组匝数多、截面积小，与二次侧的测量仪表和继电器的电流线圈串联。

（2）由于电流互感器的一次绕组匝数很少（一匝或几匝）、阻抗很小，因此，串联在被测电路中对一次绕组的电流没有影响。一次绕组的电流完全取决于被测电路的负荷电流，即流过一次绕组的电流就是被测电路的负荷电流，而不是由二次电流的大小决定的，这点与变压器不同。

（3）电流互感器二次绕组中所串接的测量仪表和保护装置的电流线圈（二次负荷）阻抗很小，所以在正常运行中，电流互感器是在接近于短路的状态下工作，这是它与变压器的主要区别。

（4）电流互感器运行或检修过程中，严禁二次侧开路。

三、电流互感器的类型

（一）按安装地点分

按安装地点，电流互感器可以分为户内式和户外式。

35kV 电压等级以下一般为户内式，35kV 及以上电压等级一般制成户外式。

（二）按安装方式分

按安装方式，电流互感器可以分为穿墙式、支持式和装入式。

穿墙式安装在墙壁或金属结构的孔洞中，可以省去穿墙套管；支持式安装在平面或支柱上；装入式也称套管式，安装在 35kV 及以上的变压器或断路器的套管上。

（三）按绝缘方式分

按绝缘方式，电流互感器可以分为干式、浇注式、油浸式、瓷绝缘和气体绝缘以及电容式。

干式使用绝缘胶浸渍，多用于户内低压电流互感器；浇注式以环氧树脂作绝缘，一般用于 35kV 及以下电压等级的户内电流互感器；油浸式多用于户外场所；瓷绝缘，即主绝缘由瓷件构成，这种绝缘结构已被浇注绝缘所取代；气体绝缘的产品内部充有特殊气体，

如 SF_6 气体作为绝缘的互感器，多用于高压产品；电容式多用于 110kV 及以上电压等级的户外场所。

（四）按一次侧绕组匝数分

按一次侧绕组匝数，电流互感器可分为单匝式和多匝式。

单匝式又分为贯穿型和母线型两种。

（五）按用途分

按用途，电流互感器可分为测量用和保护用。

四、电流互感器的接线方式

电流互感器在三相电路中有四种常见的接线方式，如图 4-2 所示。

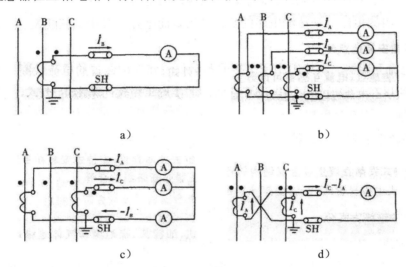

图 4-2 电流互感器的接线

a）单相接线；b）星形接线；c）两相 V 形接线；d）两相电流差接线

（一）单相接线

如图 4-2a 所示，这种接线主要用来测量单相负荷电流或三相系统中平衡负荷的某一相电流。

（二）星形接线

如图 4-2b 所示，这种接线可以用来测量负荷平衡或不平衡的三相电力系统中的三相电流。用三相星形接线方式组成的继电保护电路，能保证对各种故障（三相、两相短路及单相接地短路）具有相同的灵敏度，因此可靠性较高。

（三）两相V形接线

如图4-2c所示，这种接线又称不完全星形接线，在6~10kV中性点不接地系统中应用较广泛。这种接线通过公共线上仪表中的电流，等于A、C相电流的相量和，大小等于B相的电流。不完全星形接线方式组成的继电保护电路，能对各种相间短路故障进行保护，但灵敏度不尽相同，与三相星形接线比较，灵敏度较差。由于不完全星形接线方式比三相星形接线方式少了1/3的设备，因此，节省了投资费用。

（四）两相电流差接线

如图4-2d所示，这种接线方式通常应用于继电保护线路中。例如，用于线路或电动机的短路保护及并联电容器的横联差动保护等，它能反应各种相间短路，但灵敏度各不相同。这种接线方式在正常工作时，通过仪表或继电器的电流是C相电流和A相电流的相量差，其数值为电流互感器二次电流的$\sqrt{3}$倍。

五、电流互感器的技术参数

（一）额定电压

电流互感器的额定电压是指一次绕组对二次绕组和地的绝缘额定电压。电流互感器的额定电压应该不小于安装地点的电网额定电压（即所接线路的额定电压）。

（二）额定电流

额定电流是指在制造厂规定的运行状态下，通过一、二次绕组的电流。常用电流互感器的一次绕组额定电流有5A、10A、15A、20A、30A、40A、50A、75A、100A、1000A、10000A、25000A，二次绕组额定电流有5A、1A。

（三）额定电流比

电流互感器一、二次侧额定电流之比值称为电流互感器的额定电流比，也称额定互感比，用k_i表示，即

$$k_i = \frac{I_{1N}}{I_{2N}} \tag{4-1}$$

（四）额定二次负荷

电流互感器的额定二次负荷是指在二次电流为额定值，二次负载为额定阻抗时，二次侧输出的视在功率。通常额定二次负荷值为2.5~100V·A，共有12个额定值。

若把以伏安值表示的负荷值换算成欧姆值表示时，其表达式为：

$$Z_2 = \frac{S_2}{I_{2N}^2} \tag{4-2}$$

式中　　I_{2N}——二次侧额定电流（A）；

S_2——以伏安值表示的二次侧负荷（V·A）；

Z_2——以欧姆值表示的二次侧负荷（Ω）。

例如，电流互感器的额定二次电流为 5 A，二次负荷为 50 V·A，若以欧姆值表示时，则为：

$$Z_2 = \frac{50}{5^2}\Omega = 2\Omega \qquad (4\text{-}3)$$

同一台电流互感器在不同的准确度等级工作时，有不同的额定容量和额定负载阻抗。

（五）准确度等级

电流互感器的准确度等级是根据测量时电流误差的大小来划分的，而电流误差与一次电流及二次负荷阻抗有关。准确度等级是指在规定的二次负荷范围内，一次电流为额定值时的误差限值。我国测量用电流互感器的准确度等级有 0.1 级、0.2 级、0.5 级、1 级、3 级和 5 级，负荷的功率因数为 0.8（滞后）。

六、电流互感器常见异常的判断及处理

（1）电流互感器过热，可能是内、外接头松动，一次过负荷或二次开路。

（2）互感器产生异音，可能是铁芯或零件松动，电场屏蔽不当，二次开路或电位悬浮，末屏开路及绝缘损坏放电。

（3）绝缘油溶解气体色谱分析异常，应按 GB/T7252 进行故障判断并追踪分析，若仅氢气含量超标，且无明显增加趋势，其他组成成分正常，可判断为正常。

电流互感器二次回路开路时，应做如下处理：

（1）立即报告调度值班员，按继电保护和自动装置有关规定退出有关保护。

（2）查明故障点，在保证安全前提下，设法在开路处附近端子上将其短路，短路时不得使用熔丝。如不能消除开路，应考虑停电处理。

互感器着火时，应立即切断电源，用专用灭火器材灭火。发生不明原因的保护动作，除核查保护整定值选用是否正确外，还应设法将有关电流、电压互感器退出运行，进行电流复合误差、电压误差试验和二次回路压降测量。

七、电流互感器巡视要点

（1）瓷件表面清洁无破损及放电痕迹。

（2）SF_6 气体压力在正常无范围。

（3）引出线接头接触良好无发热。

（4）外壳接地良好无断裂、锈蚀。

（5）二次端子箱完好，端子接线正确接触良好，空开合上。

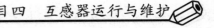

（6）低压控制电缆完好无破损。

任务三　电压互感器的运行与维护

一、电压互感器的工作原理

目前，电力系统中广泛采用的电压互感器，按其工作原理可分为电磁式和电容式两种。

（一）电磁式电压互感器的工作原理

电磁式电压互感器的工作原理和变压器相同，分析过程与电磁式电流互感器相似。其原理电路如图 4-3 所示。

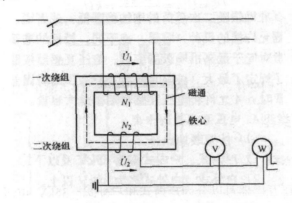

图 4-3　电磁式电压互感器工作原理图

其特点如下：

（1）电压互感器的一次绕组与被测电路并联，一次侧的电压（即电网电压）不受互感器二次侧负荷的影响，并且在大多数情况下，二次侧负荷是恒定的。

（2）电压互感器的二次绕组与测量仪表和保护装置的电压线圈并联，且二次侧的电压与一次电压成正比。

（3）二次侧负荷比较恒定，测量仪表和保护装置的电压线圈阻抗很大，正常情况下，电压互感器近似于开路（空载）状态运行。必须指出，电压互感器二次侧不允许短路，因为短路电流很大，会烧坏电压互感器。

（二）电容式电压互感器的工作原理

电容式电压互感器采用电容分压，其原理如图 4-4 所示，在被测电网的相和地之间接有主电容 C_1 和分压电容 C_2，Z_2 为继电器、仪表等电压线圈阻抗。电容式电压互感器实质是一个电容串接的分压器，被测电网的电压在电容 C_1、C_2 按反比分压。

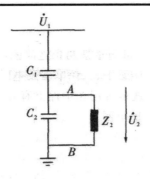

图 4-4　电容式电压互感器工作原理图

图 4-4 所示 $\dot{U}_1$ 为电网相电压，根据分压原理，Z_2、C_2 上的电压为：

$$\dot{U}_2 = \dot{U}_{C2} = \frac{C_1 \dot{U}_1}{C_1 + C_2} = k\dot{U}_1 \tag{4-4}$$

式中　　k——分压比，$k = \dfrac{C_1}{C_1 + C_2}$。

电压 U_{C2} 与 $\dot{U}_1$ 成比例变化，测出 $\dot{U}_2$，通过计算，即可测出电网的相对地电压。

二、电压互感器的类型

（一）按安装地点分

按安装地点，电压互感器可以分为户内式和户外式。35kV 电压等级以下一般为户内式，35kV 及以上电压等级一般制成户外式。

（二）按绝缘方式分

按绝缘方式，电压互感器可以分为干式、浇注式、油浸式和气体绝缘式等几种。干式多用于低压，浇注式用于 3~35kV，油浸式多用于 35kV 及以上电压等级。

（三）按绕组数分

按绕组数，电压互感器可以分为双绕组、三绕组和四绕组式。三绕组式电压互感器有两个二次侧绕组，一个为基本二次绕组，另一个为辅助二次绕组。辅助二次绕组供绝缘监视或单相接地保护用。

（四）按相数分

按相数，电压互感器可以分为单相式和三相式。一般 20kV 以下制成三相式，35kV 及以上均制成单相式。

（五）按结构原理分

按结构原理，电压互感器分为电磁式和电容式。电磁式又可分为单级式和串级式。在我国，电压在 35kV 以下时均用单级式；电压在 63kV 以上时为串级式；电压在 110~220kV 范围内，采用串级式或电容式；电压在 33kV 以上时只采用电容式。

三、电压互感器的接线方式

电压互感器在三相电路中有如图 4-5 所示的几种常见的接线方式。

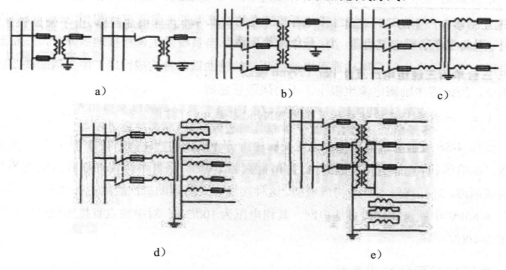

图 4-5　电压互感器的接线方式

a）单相；b）Vv；c）Yyn；d）YNynd0；e）YNynd

（一）单相电压互感器的接线

如图 4-5a 所示，这种接线可以测量某两相之间的线电压，主要用于 35kV 及以下的中性点非直接接地电网中，用来连接电压表、频率表及电压继电器等，为安全起见，二次绕组有一端（通常取 x 端）接地；单相接线也可用在中性点有效接地系统中测量相对地电压，主要用于 110kV 及以上中性点直接接地电网。

（二）Vv 接线

Vv 接线又称不完全星形接线，如图 4-5b 所示。它可以用来测量三个线电压，供仪表、继电器接于三相三线制电路的各个线电压，主要应用于 20kV 及以下电压等级中性点不接地或经消弧线圈接地的电网中。它的优点是接线简单、经济，广泛用于工厂供配电站高压配电装置中。它的缺点是不能测量相电压。

（三）一台三相三柱式电压互感器 Yyn 接线

如图 4-5c 所示，这种接线方式用于测量线电压。由于其一次侧绕组不能引出，不能用来监视电网对地绝缘，也不允许用来测量相对地电压。其原因是当中性点非直接接地电网发生单相接地故障时，非故障相对地电压升高，造成三相对地电压不平衡，在铁芯柱中产生零序磁通，由于零序磁通通过空气间隙和互感器外壳构成通路，所以磁阻大，零序励磁电流很大，造成电压互感器铁芯过热甚至烧坏。

（四）一台三相五柱式电压互感器 YNynd0 接线

如图 4-5d 所示，这种接线方式中互感器的一次侧绕组、基本二次侧绕组均接成星形，且中性点接地，辅助二次侧绕组接成开口三角形。它既能测量线电压和相电压，又可以用做绝缘监测装置，广泛应用于小接地电流电网中。当系统发生单相接地故障时，三相五柱式电压互感器内产生的零序磁通可以通过两边的辅助铁芯柱构成回路，由于辅助铁芯柱的磁阻小，因此零序励磁电流也很小，不会烧毁互感器。

（五）三台单相三绕组电压互感器 YNynd 接线

如图 4-5e 所示，这种接线方式主要应用于 3kV 及以上电压等级电网中，用于测量线电压、相电压和零序电压。当系统发生单相接地故障时，各相零序磁通以各自的互感器铁芯构成回路，对互感器本身不构成威胁。这种接线方式的辅助二次绕组也接成开口三角形，对于 3~60kV 中性点非直接接地电网，其相电压为 100/3V，对中性点直接接地电网。其相电压为 100V。

四、电压互感器的技术参数

（一）额定一次电压

额定一次电压是指作为电压互感器性能基准的一次电压值。供三相系统相间连接的单相电压互感器，其额定一次电压应为国家标准额定线电压；对于接在三相系统相与地间的单相电压互感器，其额定一次电压应为上述值的 $1/\sqrt{3}$，即相电压。

（二）额定二次电压

额定二次电压是按互感器使用场合的实际情况来选择的，标准值为 100V；对于供三相系统中相与地之间用的单相互感器，当其额定一次电压为某一数值除以 $\sqrt{3}$ 时，额定二次电压必须除以 $\sqrt{3}$，以保持额定电压比不变。

接成开口三角形的辅助二次绕组额定电压，用于中性点有效接地系统的互感器，其辅助二次绕组额定电压为 100V；用于中性点非有效接地系统的互感器，其辅助二次绕组额定电压为 100V 或 100/3V。

（三）额定变比

电压互感器的额定变比是指一、二次绕组额定电压之比，也称额定电压比或额定互感比，用 K_U 表示。

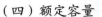

（四）额定容量

电压互感器的额定容量是指对应于最高准确度等级时的容量。电压互感器在此负载容量下工作时，所产生的误差不会超过这一准确度级所规定的允许值。

额定容量通常以视在功率的伏安值表示。标准值最小为 10V·A，最大为 500V·A，共有 13 个标准值，负荷的功率因数为 0.8（滞后）。

（五）额定二次负荷

额定二次负荷，是指保证准确度等级为最高时，电压互感器二次回路所允许接带的阻抗值。

（六）额定电压因数

额定电压因数是指互感器在规定时间内仍能满足热性能和准确度等级要求的最高一次电压与额定一次电压的比值。

（七）准确度等级

电压互感器的准确度等级就是指在规定的一次电压和二次负荷变化范围内，负荷的功率因数为额定值时，电压误差的最大值。测量用电压互感器的准确度等级有 0.1 级、0.2 级、0.5 级、1 级和 3 级，保护用电压互感器的准确度等级规定有 3P 和 6P 两种。

电压互感器应能准确地将一次电压变换为二次电压，才能保证测量精确和保护装置正确地动作，因此电压互感器必须保证一定的准确度。如果电压互感器的二次负荷超过规定值，则二次电压就会降低，其结果就不能保证准确度等级，使得测量误差增大。

五、电压互感器常见异常的判断与处理

（1）三相电压指示不平衡：一相降低（可为零），另两相正常，线电压不正常，或伴有声、光信号，可能是互感器高压或低压熔断器熔断或二次回路断线。

（2）中性点非有效接地系统，三相电压指示不平衡：一相降低（可为零），另两相升高（可达线电压）或指针摆动，可能是单相接地故障或基频谐振，如三相电压同时升高，并超过线电压（指针可摆到头），则可能是分频或高频谐振。

（3）高压熔断器多次熔断，可能是内部绝缘严重损坏，如绕组层间或匝间短路故障。

（4）中性点有效接地系统，母线倒闸操作时，出现相电压升高并以低频摆动，一般为串联谐振现象；若无任何操作，突然出现相电压异常升高或降低，则可能是互感器内部绝缘损坏，如绝缘支架、绕组层间或匝间短路故障。

（5）中性点接地系统，电压互感器投运时出现电压表指示不稳定，可能是高压绕组端接地接触不良。

当电压互感器回路断线时，应做如下处理：

1）根据继电保护和自动装置有关规定，退出有关保护，防止误动作。

2）检查高、低压熔断器及自动开关是否正常。如熔断器熔断，应查明原因立即更换，当再次熔断时则应慎重处理。

3）检查电压回路所有接头有无松动、断头现象，切换回路有无接触不良现象。

电容式电压互感器常见如下异常工况：

1）二次电压波动。二次连接松动，分压器低压端子未接地或未接载波线圈；如果阻尼器是速饱和电抗器，则有可能是参数配合不当。

2）二次电压低。二次连接不良，电磁单元故障或电容单元 C_2 损坏。

3）二次电压高。电容单元 C_1 损坏，分压电容接地端未接地。

4）电磁单元油位过高。电容单元漏油或电磁单元进水。

5）投运时有异音。电磁单元中电抗器或中压变压器螺栓松动。

六、电压互感器巡视要点

（1）瓷件表面清洁无破损及放电痕迹。

（2）油色油位正常无漏油。

（3）引出线接头接触良好无发热。

（4）外壳接地良好无断裂、锈蚀。

（5）二次端子箱完好，端子接线正确接触良好。

（6）低压控制电缆完好无破损。

任务四　互感器常见故障分析与处理

目前，随着设计水平和制造工艺的进步，越来越多的互感器采用免维护的设计，大大增加了运行的可靠性，减少了检修维护时间和人力消耗。

一、现场对于互感器的检修需要注意的几点

现场对于互感器的检修主要以消除运行时的缺陷为主，根据经验，主要有以下几点。

（一）互感器异常声音、现象、分析及处理

（1）互感器设备内部有放电、震动声响。可能是铁芯或零部件松动、过负荷、电场屏蔽不当、二次开路、接触不良或绝缘损坏放电；也可能是末屏产生悬浮电位而放电；铁芯穿心螺杆松动或硅钢片松动而发生交变磁通的变化，硅钢片振动幅度增大而引起铁芯异声；严重过载或二次开路磁通急剧增加引起非正弦波，使硅钢片振动极不均匀而发出较大

噪音。处理：汇报，安排停电处理。

（2）树脂浇注互感器出现表面严重裂纹，有放电"吱吱"声音。可能是制造原因造成外绝缘损坏，绝缘降低放电等。处理：汇报，立即停电处理。

（3）互感器外绝缘污秽严重，气候恶劣时发出强烈的"吱吱"放电声和蓝色火花、橘红色的电晕。可能是未及时清扫、所处地区的污秽等级升高、瓷瓶爬距不满足要求等。处理：汇报，安排停电检修，清扫，消除污涂料或更换。

（二）电流互感器二次开路异常、现象分析及处理。

（1）现象。报警，自动化信息显示保护装置发出"电流回路断线""装置异常"等信号。开路处发生火花放电，电流互感器本体发出"嗡嗡"声音，不平衡电流增大，相应电流表、功率表、有功无功表指示降低或摆动，电能表转慢或不转。电流互感器二次开路，其阻抗无限大，二次电流等于零，一次电流将全部作用激磁，铁芯严重磁饱和，铁损增大，交变磁通的正弦波变为梯形波，在磁通变化的瞬间，二次绕组上将感应出很高的电压，其峰值可达几千伏。如此高的电压作用在二次绕组和二次回路上，对人身和设备都存在严重的威胁。

（2）分析。可能是互感器本身、分线箱、综合自动化屏内回路的接线端子接触不良，综合自动化装置内部异常、误接线、无拆线、误切回路连片造成开路。

（3）立即汇报，必要时停用有关保护，通知专业人员处理。根据象征对电流互感器二次回路进行检查，寻找开路点；若开路点明显，立即穿绝缘鞋，戴绝缘手套，用绝缘工具在开路点前面的端子处进行短路；如不能进行短路处理，应申请降负荷或停电处理，短接后本体仍有异常声音，说明内部开路，此时，就应立即申请停电处理；若二次回路开路引起着火，应切断电源，做灭火处理；注意事项，凡检查电流互感器回路的工作，必须注意安全，至少有二人在一起工作，使用合格的绝缘工器具。

二、电流互感器二次侧开路

使用中要求电流互感器二次侧必须短路，如果二次侧开路，将一次侧安匝全部用于励磁，铁芯高度磁饱和，损耗、温度剧增。二次绕组产生高电压，将危及人身和绝缘，而且剩磁会增加误差。还会造成电流互感器二次侧开路的主要原因是电流引线接头松动，端子损坏等。其处理办法如下：

（1）按表计指示，判断是仪表级还是保护级二次开路。

（2）手戴绝缘手套，用钳形表测各相电流值并进行比较。

（3）逐段将回路短接测量回路电流，找出故障点并处理之。

三、电压互感器二次侧短路

电压互感器在正常运行时，由于二次负载是一些仪表和继电器的电压线圈，阻抗很大，基本上相当于变压器的空载状态。互感器本身通过的电流很小，它的大小决定于二次负载阻抗的大小。由于电压互感器本身阻抗很小，容量不大，当互感器二次侧发生短路时，二次电流很大，二次侧熔丝熔断，影响到仪表的正确指示和保护的正常工作。当二次侧熔丝容量选择不当，二次侧发生短路，熔丝不能熔断时，则电压互感器极易被损坏。对电压互感器二次侧短路故障处理过程如下：

（1）双母线系统中任一故障电压互感器，可利用母线联络断路器切断停用。

（2）其他电路中的电压互感器，当发生低压电路短路时，如高压熔断器未熔断，则可拉开其出口隔离开关停用。但在拉开隔离开关时，应使其三相之间或其他电气设备之间有足够的安全距离及有一定容量的限流电阻的条件下进行，以避免发生电弧造成的设备和人身事故。

四、放电

放电分两种情况：电晕放电和局部放电。

电晕放电是因为局部场强过大，如果长时间不处理，将会造成绝缘严重腐蚀、老化，处理办法是将绝缘表面与铁芯间缝隙用防晕漆或半导体垫条塞紧。

局部放电是因为绝缘内部有气孔等缺陷，对于局部放电的趋势应当加以监视，测局部放电量不大于 40pC（油浸式互感器），环氧绝缘放电量不大于 200pC，局部放电发展严重将会使绝缘介质逐步劣化，以致击穿。对于局部放电严重或者趋势明显变大的互感器，应当立刻加以更换。

五、电压互感器铁磁谐振

在中性点不直接接地的 10~110kV 系统中，系统运行状态发生突变，铁芯发生过饱和，造成电压互感器铁磁谐振的故障。互感器铁芯磁通密度高，励磁电流大，二次侧将严重过电压而发热烧毁，严重时，将发生互感器的击穿、爆炸。其处理办法如下：

（1）改善互感器的伏—安特性。

（2）调整互感器的 x_C 与 x_L 参数，使 x_C/x_L 值脱离易激发铁磁谐振区。

（3）在开口三角处接非线性电阻，或在一次绕组中性点接入适当阻尼电阻。

六、绝缘油渗漏

绝缘油渗漏常发生在金属件焊缝不良、有砂眼、密封面不严，密封圈老化的互感器上。

绝缘油过少，会造成套管内部受潮、绝缘电阻降低造成击穿放电等故障。其处理办法如下：

（1）二次小瓷套部位渗漏油，如为小瓷套破裂导致渗漏油，应更换小瓷套。

（2）主瓷套与金属部分接触的部位渗漏，应更换密封圈。

（3）膨胀器本体焊缝破裂或波纹片永久变形，应更换膨胀器。

（4）铸铝储油柜砂眼渗漏油，可用锤子、样冲打砸砂眼堵漏。

（5）储油柜、油箱、升高座等部件的焊缝渗漏。情况轻微时，可采用堵漏胶临时处理；情况严重时，可采用带油补焊，但应在补焊后取油样做分析，如有不良气体产生，则应考虑脱气处理。

（6）若需放出绝缘油处理时，应调回检修车间内进行，应注意绝缘油不受污染，器身不受潮。

七、绝缘油油质劣化

检测到绝缘油出现劣化，主要是因为油中溶解有氧气或有放电发生。油质劣化将使互感器绝缘强度下降，产生严重的放电，对安全运行造成重大隐患，处理措施是将绝缘油全部排出，重新注入经处理合格的新油，必要时还必须对互感器进行干燥或抽真空处理。

八、绝缘气压降低

绝缘气压降低使互感器绝缘强度下降，产生严重的放电，对安全运行造成重大隐患。处理措施是将互感器停运，加合格的 SF_6 气体至正常运行气压。

【案例】10kV Ⅰ 母电压互感器高压侧 U 相熔断器熔断。

1．正常运行方式

某水电站 10kV 分段断路器处于热备用状态，10kV 分段备自投投入，10kV 线路配置微机过流保护、低频、重合闸保护。

2．异常现象

报警，自动化信息显示"变压器保护 TV 断线"、"母线接地"，遥测一相相电压降低很多，另外两相接近相电压。

3．异常分析和判断

现场检查互感器外观无异常，通过电压表读数，分析是电压互感器一相熔断器熔断。

4．异常处理时的危险点及防范措施

电压互感器高压侧熔断器熔断，电压互感器二次开关并列前，应断开二次开关防止反充电；退出保护，防止二次失压，造成误动。

【任务工作单】

任务目标：

能对电流互感器、电压互感器的工作原理进行简要阐述

能对电流互感器、电压互感器异常情况作出判断及处理

能对互感器常见故障进行分析处理

1. 什么是互感器？互感器的作用有哪些？

2. 电流互感器的特点有哪些？

3. 电流互感器、电压互感器的类型有哪些？

4. 互感器绝缘油油质劣化的原因有哪些？

项目五 水电厂配电装置运行与维护

【学习目标】

➢ 知道配电装置的分类、基本要求及设计原则。
➢ 知道屋外、屋内配电装置的分类及特点。
➢ 知道 GIS 的概念、特点及分类。

【项目描述】

某水电厂 110kV 配电装置于 2013 年进行改造,110kV 配电装置为户内 GIS 组合电器,接线方式为双母线接线,进出线共 8 回。2014 年 1 月 15 日,母联断路器发出补气报警信号,检修人员进行了补气,气压为 0.55MPa。2014 年 1 月 16 日,母联断路器又发出补气报警信号,压力降为 0.49MPa,110kV 断路器闭锁。继电保护越级跳闸,造成两座 110kV 变电站全停,停电 1h20min。假如你是检修人员,请对该故障进行处理。

任务一 配电装置认知

根据发电厂或变电所电气主接线中的各种电气设备、载流导体及其部分辅助设备的安全要求,将上述设备按照一定方式建造、安装而成的电工建筑物,通常称为配电装置。配电装置的类型很多,随着国民经济的发展和电力工业技术水平的提高,配电装置的结构日趋完善合理。

一、配电装置的分类

配电装置按其电气设备的安装场所的不同,可分为屋内配电装置和屋外配电装置;按其电气设备安装方式的不同,可分为装配式配电装置和成套配电装置。屋内配电装置是指将电气设备安装在屋内。屋内配电装置具有占地面积小、操作方便和维护条件较好、电气设备受环境污秽和气候变化影响小等优点。但是,它需要建造专用的房屋,故投资较大。

屋外配电装置是指将电气设备安装在屋外。屋外配电装置具有土建工程量小、投资较少、建造工期短等优点。但是,它具有占地面积较大、操作不方便和维护条件较差、电气设备容易受环境污秽与气候变化的影响等缺点。

装配式配电装置是指在配电装置的土建工程建筑基本完工后，将电气设备逐件地安装在配电装置中。装配式配电装置具有建造安装灵活、投资较少、金属消耗量少等优点。但是，安装工作量大，施工工期较长。

成套配电装置一般指在制造厂根据电气主接线的要求，由制造厂按分盘形式制造成独立的开关柜（或盘），运抵现场后只需进行开关柜（或盘）的安装固定、调整与母线的连接等工作，便可建成配电装置。成套配电装置具有结构紧凑、可靠性高、占地面积小、建造工期短等优点。但是，它的造价较高、钢材消耗量较大。

选择配电装置的类型，应考虑它所在地区的地理情况及环境条件，要因地制宜、尽量节约用地，并且结合运行与检修的要求，通过技术经济比较后确定。

在一般情况下，35kV 及以下配电装置宜采用屋内式，110kV 及以上多采用屋外式。在严重污秽地区（如沿海地区或化工区）或大城市市区的 110kV 配电装置宜采用屋内式，当技术经济合理时，220kV 配电装置也可以采用屋内式。大城市中心地区或其他环境特别恶劣的地区，110kV 和 220kV 配电装置可采用全封闭或混合式 SF_6 组合电器。

二、对配电装置的基本要求

配电装置是根据电气主接线的连接方式，由开关电器、保护和测量电器、母线和必要的辅助设备组建而成的总体装置。其作用是在正常运行情况下接受和分配电能，而在系统发生故障时迅速切断故障部分，维持系统正常运行。为此，配电装置应满足下述基本要求。

（一）运行可靠

配电装置中引起事故的主要原因是绝缘子因污秽而闪络，隔离开关因误操作而发生相间短路，断路器因开断能力不足而发生爆炸等。因此，要按照系统和自然条件以及有关规程要求合理选择设备，使选用设备具有正确的技术参数，保证具有足够的安全净距。还应采取防火、防爆、蓄油和排油措施，考虑设备防冰、防冻、防风、抗震、耐污等性能。

（二）便于操作、巡视和检修

配电装置的结构应使操作集中，尽可能避免运行人员在操作一个回路时需要走几层楼或几条走廊。配电装置的结构和布置应力求整齐、清晰，便于操作巡视和检修。还应装设防误操作的闭锁装置及连锁装置，以防带负荷拉合隔离开关、带接地线合闸、带电挂接地线、误拉合断路器、误入屋内有电间隔。

（三）保证工作人员的安全

为了保证工作人员的安全，应采取一系列措施。例如用隔墙把相邻电路的设备隔开，以保证电气设备检修时的安全；设置遮栏，留出安全距离，以防触及带电部分；设置适当的安全出口；设备外壳和底座都采用保护接地等。在建筑机构等方面还应考虑防火等安全措施。

（四）力求提高经济性

在满足上述要求的前提下，电气设备的布置应紧凑，节省占地面积，节约钢材、水泥和有色金属等原材料，并降低造价。

（五）具有扩建的可能

要根据发电厂和变电站的具体情况，分析是否有发展和扩建的可能。如有，在配电装置结构和占地面积等方面要留有余地。

三、配电装置的设计原则

（一）配电装置的设计原则

配电装置的设计必须认真贯彻国家的技术经济政策，遵循有关规程、规范及技术规定，并根据电力系统、自然环境特点和运行、检修、施工方面的要求，合理制定布置方案和选用设备，积极慎重地采用新布置、新设备、新材料、新结构，使配电装置设计不断创新，做到技术先进、经济合理、运行可靠和维护方便。

发电厂和变电站的配电装置型式选择，应考虑所在地区的地理情况及环境条件，因地制宜、节约用地，并结合运行、检修和安装要求，通过技术经济比较予以确定。在确定配电装置型式时必须满足节约用地，运行安全和操作巡视方便，便于检修和安装，节约材料，降低造价等要求。

（二）配电装置的设计要求

1．施工、运行和检修的要求

（1）施工要求。配电装置的结构在满足安全运行的前提下应尽量予以简化，采用标准化的构件，减少架构的类型，缩短建设工期，设计时要考虑安装检修时设备搬运及起吊的便利；还应考虑土建施工误差，保证电气安全净距要求，一般不宜选用规程规定的最小值，而应留有适当的裕度（50mm 左右），这在屋内配电装置的设计中更要引起重视。

（2）运行要求。各级电压配电装置之间，以及它们和各种建（构）筑物之间的距离和相对位置，应按最终规模统筹规划，充分考虑运行的安全和便利。

（3）检修要求。为保证检修人员在检修电器及母线时的安全，屋内配电装置间隔内硬导体及接地线上，应留有接触面和连接端子，以便安装携带式接地线。电压为 60kV 及以上的配电装置，对断路器两侧的隔离开关和线路隔离开关的线路侧，宜配置接地开关；每段母线上宜装设接地开关或接地器。电压为 110kV 及以上的屋外配电装置，应视其在系统中的地位、接线方式、配电装置型式以及该地区的检修经验等情况，来考虑带电作业的要求。

2. 噪声的允许标准及限制措施

噪声对人的影响主要体现在对交谈的影响、对听力的影响和对睡眠的影响。

研究表明，人们通常谈话的声音约 60dB，当噪声达到 65dB 以上时会干扰人们的正常谈话；如噪声达到 90dB，一般声音难以听清楚。人长期在噪声超过 80dB 的环境下工作且不采取防护措施时，可能有产生噪声性耳聋的危险。当人所在位置的噪声在 40dB 以下时，可以保持正常睡眠；超过 50dB 时，约有 15% 的人正常睡眠受到影响。

配电装置中的噪声源主要是变压器、电抗器及电晕放电。我国规定有人值班的生产建筑最高允许连续噪声的最大值为 90dB（A），控制室为 65dB（A）。配电装置布置要尽量远离职工宿舍或居民区，保持足够的间距，以满足职工宿舍或居民区对噪声的要求。

对 500kV 电气设备，距外壳 2m 处的噪声水平要求不超过下述数值：

（1）电抗器：80dB（A）。

（2）断路器：连续性噪声水平 85dB（A）；非连续性噪声水平，屋内为 90dB（A），屋外空气断路器为 110dB（A），屋外 SF_6 断路器为 85dB（A）。

（3）变压器等其他设备：85dB（A）。

限制噪声的措施有：

（1）优先选用低噪声或符合标准的电气设备。

（2）注意主（网）控室、通信楼、办公室等与主变压器的距离和相对位置，尽量避免平行相对布置。

3. 静电感应的场强水平和限制措施

在设计 330~750kV 超高压和 1000kV 特高压配电装置时，除了要满足绝缘配合的要求外，还应作静电感应的测定及考虑防护措施。

在高压输电线路或配电装置的母线下和电气设备附近有对地绝缘的导电物体时，由于电容耦合感应而产生电压。当上述被感应物体接地时就产生感应电流，这种感应通称为静电感应。鉴于感应电压和感应电流与空间场强的密切关系，故实用中常以空间场强来衡量某处的静电感应水平。所谓空间场强，是指离地面 1.5m 处的空间电场强度。对于 220kV 变电站，实测结果为其空间场强一般不超过 5kV/m；对于 330~500kV 变电站，实测结果是大部分测点的空间场强在 10kV/m 以内，各电气设备周围的最大空间场强为 3.4~13kV/m。

当人触及被感应物体时就有感应电流流过，如感应电流较大，人就有麻木感觉。为了运行和维护人员的安全，我国规定电压为 330kV 及以上的配电装置内，其设备遮栏外的静电感应空间场强水平（离地 1.5m 空间场强）不宜超过 10kV/m，围墙外静电感应场强水平（离地 1.5m 空间场强）不宜大于 5kV/m。关于静电感应的限制措施，设计时应注意以下几点：

（1）尽量不要在电器上方设置带电导线。

（2）对平行跨导线的相序排列要避免或减少同相布置，尽量减少同相母线交叉及同相转角布置，以免场强直接叠加。

（3）当技术经济合理时，可适当提高电器及引线安装高度，这样既降低了电场强度，又满足检修机械与带电设备的安全净距。

（4）控制箱和操作设备尽量布置在场强较低区，必要时可增设屏蔽线或屏蔽环等。

4．电晕无线电干扰和控制

在超高压配电装置内的设备、母线和设备间连接导线，由于电晕产生的电晕电流具有高次谐波分量，形成向空间辐射的高频电磁波，从而对无线电通信、广播和电视产生干扰。

根据实测，频率为 1MHz 时产生的无线电干扰最大。

我国目前在超高压配电装置设计中，无线电干扰水平的允许标准暂定为在晴天配电装置围墙外（距出线边相导线投影的横向距离 20m 外）20m 处，对 1MHz 的无线电干扰值不大于 50dB（A）。为增加载流量及限制无线电干扰，超高压配电装置的导线采用扩径空芯导线、多分裂导线、大直径铝管或组合铝管等。对于 330kV 及以上的超高压电气设备，规定在 1.1 倍最高工作相电压下，屋外晴天夜间电气设备上应无可见电晕，1MHz 时无线电干扰电压不应大于 2500μV。

四、配电装置设计的基本步骤

（1）选择配电装置的型式。选择时应考虑配电装置的电压等级、电器的型式、出线多少和方式、有无电抗器、地形、环境条件等因素。

（2）配电装置的型式确定后，接着拟定配电装置的配置图。

（3）按照所选电气设备的外形尺寸、运输方法、检修及巡视的安全和方便等要求，遵照配电装置设计有关技术规程的规定，并参考各种配电装置的典型设计和手册，设计绘制配电装置平面图和断面图。

任务二　屋外配电装置运行与维护

一、屋外配电装置的分类及特点

屋外配电装置将所有电气设备和母线都装设在露天的基础、支架或构架上。屋外配电装置的结构形式，除与电气主接线、电压等级和电气设备类型有密切关系外，还与地形地势有关。根据电气设备和母线布置的高度，屋外配电装置可分为中型配电装置、高型配电装置和半高型配电装置。

（一）中型配电装置

中型配电装置是将所有电气设备都安装在同一水平面内，并装在一定高度的基础上，使带电部分对地保持必要的高度，以便工作人员能在地面上安全活动；中型配电装置母线所在的水平面稍高于电气设备所在的水平面，母线和电气设备均不能上、下重叠布置。中型配电装置布置比较清晰，不易误操作，运行可靠，施工和维护方便，造价较省，并有多年的运行经验；其缺点是占地面积过大。

中型配电装置按照隔离开关的布置方式，可分为普通中型配电装置和分相中型配电装置。所谓分相中型配电装置系指隔离开关是分相直接布置在母线的正下方，其余的均与普通中型配电装置相同。

（二）高型配电装置

高型配电装置是将一组母线及隔离开关与另一组母线及隔离开关上下重叠布置的配电装置，可以节省占地面积 50%左右。但耗用钢材较多，造价较高，操作和维护条件较差。

高型配电装置按其结构的不同，可分为单框架双列式、双框架单列式和三框架双列式三种类型。下面以双母线、进出线带旁路母线的主接线形式为例来叙述高型配电装置的三种类型结构。

1．单框架双列式

它是将两组母线及其隔离开关上下重叠布置在一个高型框架内，而旁路母线架（供布置旁路母线用）不提高，成为单框架结构，断路器为双列布置。

2．双框架单列式

双框架单列式除将两组母线及其隔离开关上下重叠布置在一个高型框架内外，再将一个旁路母线架提高且并列设在母线架的出线侧，也就是两个高型框架合并，成为双框架结构，断路器为单列布置。

3．三框架双列式

三框架双列式除将两组母线及其隔离开关上下重叠布置在一个高型框架内外，再把两个旁路母线架提高，并列设在母线架的两侧，也就是三个高型框架合并，成为三框架结构，断路器为双列布置。

三框架结构比单框架和双框架更能充分利用空间位置，因为它可以双侧出线，在中间的框架内分上下两层布置两组母线及其隔离开关，两侧的两个框架内，上层布置旁路母线和旁路隔离开关，下层布置进出线断路器、电流互感器和隔离开关，从而使占地面积最小。由于三框架布置较双框架和单框架优越，因而得到了广泛应用。但和中型布置相比钢材消耗量较大，操作条件较差，检修上层设备不便。

（三）半高型配电装置

半高型配电装置是将母线置于高一层的水平面上，与断路器、电流互感器、隔离开关上下重叠布置，其占地面积比普通中型减少 30%。半高型配电装置介于高型和中型之间，具有两者的优点。除母线隔离开关外，其余部分与中型布置基本相同，运行维护仍较方便。

由于高型和半高型配电装置可大量节省占地面积，因而在电力系统中得到广泛应用。

二、屋外配电装置的选型

屋外配电装置的型式除与主接线有关外，还与场地位置、面积、地质、地形条件及总体布置有关，并受到设备材料的供应、施工、运行和检修要求等因素的影响和限制，故应通过技术经济比较来选择最佳方案。

（一）中型配电装置

普通中型配电装置，施工、检修和运行都比较方便，抗震能力较好，造价比较低，缺点是占地面积较大。此种型式一般用在非高产农田地区及不占良田和土石方工程量不大的地方，并宜在地震烈度较高的地区采用。

分相中型配电装置采用硬管母线配合剪刀式（或伸缩式）隔离开关方案，布置清晰、美观，可省去大量构架，较普通中型配电装置方案节约用地 1/3 左右。但支柱式绝缘子防污、抗震能力较差，在污秽严重或地震烈度较高的地区不宜采用。

中型配电装置广泛用于 110~500kV 电压等级。

（二）高型配电装置

高型配电装置的最大优点是占地面积少，比普通中型节约 50%左右。但耗用钢材较多，检修运行不及中型方便。一般在下列情况宜采用高型：

（1）配电装置设在高产农田或地少人多的地区。

（2）由于地形条件的限制，场地狭窄或需要大量开挖、回填土石方的地方。

（3）原有配电装置需要改建或扩建，而场地受到限制。

在地震烈度较高的地区不宜采用高型。高型配电装置适用于 220kV 电压等级。

（三）半高型配电装置

半高型配电装置节约占地面积不如高型显著，但运行、施工条件稍有改善，所用钢材比高型少。半高型适宜用于 110kV 配电装置。

三、屋外配电装置的一般问题

（一）母线和架构

屋外配电装置的母线有软母线和硬母线两种。

屋外配电装置母线采用软母线时，多采用钢芯铝线或分裂导线。三相母线呈水平布置，用悬式绝缘子串悬挂在母线架构上。使用软母线时，可选用较大的档距，但档距加大母线的弧垂要增大，为保证母线相间以及相对地的距离，必须加大母线架构的宽度和高度。

屋外配电装置母线采用硬母线时，多采用管形或分裂管形母线。三相母线呈水平布置，用柱式绝缘子安装在支柱上，因硬母线弧垂很小，故不需高大的母线架构；管形母线不会摇摆，相间距离可以缩小。管形母线直径大，表面光滑，可提高电晕起始电压。管形母线与剪刀式隔离开关配合使用，可以节省占地面积。硬管母线存在易产生微风共振，抗震能力较差等缺点。硬管母线在高压配电装置中使用的范围逐渐扩大。

屋外配电装置的架构，可由型钢或钢筋混凝土制成。钢构架经久耐用，机械强度大，抗震能力强，便于固定设备，运输方便；但钢架金属消耗量大，需要经常维护。钢筋混凝土架构可以节约大量钢材，经久耐用，维护简单。我国钢筋混凝土架构多使用在工厂中生产钢筋混凝土环形杆到施工现场用装配的方式建成，因此具有运输和安装都比较方便的特点，但固定设备时不方便。钢筋混凝土架构是我国配电装置中使用范围最广的一种架构。

（二）电力变压器

电力变压器通常采用落地式布置，变压器基础一般做成双梁形并铺以铁轨，轨距与变压器的滚轮中心距相等。因电力变压器总油量大，布置时应特别注意防火安全。

为防止变压器发生事故时，溢出的变压器油流散扩大事故，单个油箱的油量在 1000kg 以上的变压器应设置能容纳 100% 或 20% 的储油池或挡油墙等；设有容纳 20% 容量的储油池或挡油墙时，应有将油排到安全处所的设施，且不应引起污染危害。储油池或挡油墙应比设备外廊尺寸每边大 1m。储油池内一般铺设厚度不小于 250mm 的卵石层。

当变压器的油量超过 2500kg，两台变压器之间无防火墙时，其防火净距不得小于下列数值：35kV 及以下为 5m；63kV 为 6m；110kV 为 8m；220kV 及以上为 10m。否则，需设置防火墙。防火墙的高度不宜低于变压器油枕的顶端高度，其长度应大于变压器储油池两侧各 1m；若防火墙上设有隔火水幕，防火墙高度应比变压器顶盖高出 0.5m。容量为 90MVA 以上的主变压器，在有条件时宜设置水雾灭火装置。

（三）断路器和避雷器

断路器有低式和高式两种布置。采用低式布置时，断路器安装在 0.50~1m 的混凝土基础上，其优点是检修方便、抗震性好，但必须设置栅栏，以保证足够的安全净距。采用高式布置时，断路器安装在约 2m 高的混凝土基础之上，因断路器支持绝缘子最低绝缘部位对地距离为 2.5m，故不需设置围栏。

隔离开关和互感器均采用高式布置，对其基础要求与断路器相同。

避雷器也有低式和高式两种布置。110kV 及其以上的阀型避雷器，由于器身细长，为保证足够的稳定性，采用低式布置。磁吹避雷器和 35kV 及以下的阀型避雷器形体矮小、稳定性好，一般采用高式布置。

（四）其他

为满足运行、维护及搬运等工作的需要设置巡视小道及操作地坪，配电装置中应设置环形通道或具备回车条件的通道；500kV 屋外配电装置，宜设置相间运输通道。大、中型变电所内，一般应设置 3m 宽的环形通道，车道上空及两侧带电裸导体应与运输设备之间保持足够的安全净距。此外，屋外配电装置内应设置 0.8~1m 宽的巡视小道，以便运行人员巡视电气设备。

屋外配电装置中电缆沟的布置，应使得电缆所走的路径最短。电缆沟按其布置方向可分为纵向和横向两种。一般纵向（即主干线）电缆沟因敷设电缆较多，通常分为两路；横向电缆沟布置在断路器和隔离开关之间。电缆沟盖板应高出地面，并兼作操作走道。

发电厂和大型变电所的屋外配电装置，其周围宜设置高度不低于 1.5m 的围栏，以防止外人任意进入。配电装置中电气设备的栅栏高度，不应低于 1.2m，栅栏最低栏杆至地面的净距，不应大于 200mm。

任务三 屋内配电装置运行与维护

一、屋内配电装置的特点

屋内配电装置是将电气设备和载流导体安装在屋内，避开大气污染和恶劣气候的影响。其特点如下：

（1）由于允许安全净距小而且可以分层布置，因此占地面积较小。

（2）维修、巡视和操作在室内进行，不受气候的影响。

（3）外界污秽的空气对电气设备影响较小，可减少维护的工作量。

（4）房屋建筑的投资较大。

大、中型发电厂和变电站中，35kV 及以下电压等级的配电装置多采用屋内配电装置。但 110kV 及 220kV 装置有特殊要求（如变电站深入城市中心）和处于严重污秽地区（如海边和化工区）时，经过技术经济比较，也可以采用屋内配电装置。

二、屋内配电装置的类型

屋内配电装置的结构形式，与电气主接线、电压等级和采用的电气设备形式等有密切的关系，其分类方法主要有以下两种。

（一）按照布置形式分类

按照配电装置布置形式的不同，一般可分为单层式、二层式和三层式。

1. 单层式

一般用于出线不带电抗器的配电装置，所有的电气设备布置在单层房屋内。单层式占地面积较大，通常可采用成套开关柜，主要用于单母线接线、中小容量的发电厂和变电站。

2. 二层式

一般用于出线有电抗器的情况，将所有电气设备按照轻重分别布置，较重的设备如断路器、限流电抗器、电压互感器等布置在一层，较轻的设备如母线和母线隔离开关布置在二层。其结构简单，具有占地较少、运行与检修较方便、综合造价较低等特点。

3. 三层式

将所有电气设备依其轻重分别布置在三层中，具有安全、可靠性高、占地面积小等特点；但其结构复杂、施工时间长、造价高、检修和运行很不方便，因此，目前我国很少采用三层式屋内配电装置。

（二）按照安装形式分类

屋内配电装置的安装形式一般有两种。

1. 装配式

将各种电气设备在现场组装构成配电装置称为装配式配电装置。目前，需要安装重型设备（如大型开关、电抗器等）的屋内配电装置大都采用装配式。

2. 成套式

由制造厂预先将各种电气设备按照要求装配在封闭或半封闭的金属柜中，安装时按照主接线要求组合起来构成整个配电装置，这就称为成套式配电装置。其特点是：装配质量好、运行可靠性高；易于实现系列化、标准化；不受外界环境影响，基建时间短。成套式配电装置按元件固定的特点，可分为固定式和手车式；按电压等级不同，可分为高压开关柜和低压开关柜。

三、屋内配电装置的一般问题

（一）母线和母线隔离开关

母线一般布置在配电装置上部，母线布置形式有水平、垂直和三角形三种。母线水平布置可以降低配电装置高度，便于安装，通常适用于中小型发电厂或变电所。母线垂直布置时，三相母线之间一般用隔板隔开，可以提高母线工作可靠性，但其建筑结构复杂，且增加了配电装置高度，一般适用于短路电流较大的中型发电厂或变电所。母线三角形布置适合于 10~35kV 大中型发电厂或变电所。

配电装置中两组母线之间应设有隔板，以保证有一组母线故障或检修时不影响另一组母线工作。同一组母线的相间距离应尽量保持不变，以便于安装。为避免温度变化引起硬母线产生危险应力，当母线较长时应安装母线伸缩节，一般铝母线长度为 20~30m 设有一个伸缩节，铜母线长度为 30~50m 设一个伸缩节。

母线隔离开关一般安装在母线下方，母线与母线隔离开关之间应设耐热隔板，用以防止母线隔离开关发生短路时扩大为母线故障。

（二）断路器与互感器

断路器与油浸互感器的布置应考虑防火防爆要求。一般 35kV 及以下断路器与油浸互感器，宜安装在开关柜内或用隔板（混凝土墙或砖墙）隔开的单独小间内；35kV 以上屋内断路器与油浸互感器，同样应安装在用隔板隔开的单独小间内。

电压互感器与避雷器可共用一个间隔，两者之间应用隔板隔开。电流互感器应尽量作为穿墙套管使用，以减少配电装置体积与造价。

断路器操作机构与断路器之间应用隔板隔开，其操作机构布置在操作通道内。

（三）限流电抗器

限流电抗器因其质量大，一般布置在配电装置第一层的电抗器小室内。电抗器室的高度应考虑电抗器吊装要求，并具备良好的通风散热条件。由于 B 相电抗器绕组绕线方向与 A、C 两相电抗器绕组绕线方向相反，为保证电抗器的动稳定，在采用垂直或品字形布置时，只能采用 AB 或 BC 两相电抗器上下相邻叠装，而不允许 AC 两相电抗器上下相邻叠装在一起。为减少磁滞与涡流损失，不允许在固定电抗器的支持绝缘子基础上的铁件及其接地线等构成闭合环形连接。

（四）其他

配电装置的通道可分为维护通道、操作通道和防爆通道三种。用于维护和搬运设备的运道，称为维护通道，其允许净距应比最大搬运设备大 0.4~0.5m。装有断路器和隔离开关操作机构的通道称为操作通道，操作通道宽度的允许净距为 1.5~2.0m。通往防爆间隔的通道称为防爆通道，防爆通道的最小宽度为 1.2m。

为保证工作人员的安全与工作方便，屋内配电装置应设置多个出口。当长度在 7m 以内时，允许只有一个出口；当长度大于 7m 时，至少应有两个出口，且每两个出口之间距离不超过 60m。屋内配电装置的门应向外开，并装有弹簧锁。

任务四　GIS 配电装置运行与维护

一、GIS 的概念

六氟化硫组合电器又称为气体绝缘全封闭组合电器（Gas-Insulator Switchgear），简称 GIS。它将断路器、隔离开关、母线、接地隔离开关、互感器、出线套管或电缆终端头等分别装在各自密封间中，集中组成一个整体外壳，充以（3.039~5.065）×10^5Pa（3~5 Pa）的六氟化硫气体作为绝缘介质。

近年来为了减少占地面积，六氟化硫全封闭组合电器得到了广泛应用，目前，我国的 GIS 使用的起始电压为 110kV 及以上，主要在以下场合使用：

（1）占地面积较小的地区，如市区变电站。

（2）高海拔地区或高烈度地震区。

（3）外界环境较恶劣的地区。我国西北电网建设的 750kV 工程，采用的 GIS 组合电器已在变电站投入运行。

二、GIS 的特点

（一）GIS 的主要优点

（1）可靠性高。由于带电部分全部封闭在 SF_6 气体中，不会受到外界环境的影响。

（2）安全性高。由于 SF_6 气体具有很高的绝缘强度，并为惰性气体，不会产生火灾；带电部分全部封闭在接地的金属壳体内，实现了屏蔽作用，也不存在触电的危险。

（3）占地面积小。由于采用具有很高的绝缘强度 SF_6 气体作为绝缘和灭弧介质，使得各电气设备之间、设备对地之间的最小安全净距减小，从而大大缩小了占地面积。

（4）安装、维护方便。组合电器可在制造厂家装配和试验合格后，再以间隔的形式运到现场进行安装，工期大大缩短。

（5）其检修周期长，维护方便，维护工作量小。

（二）GIS 的主要缺点

（1）密封性能要求高。装置内 SF_6 气体压力的大小和水分的多少会直接影响整个装置运行的性能和人员的安全性，因此，GIS 对加工的精度有严格的要求。

（2）金属耗费量大，价格较昂贵。

（3）故障后危害较大。故障发生后造成的损坏程度较大，有可能使整个系统遭受破坏；检修时有毒气体（SF_6 气体与水发生化学反应后产生）会对检修人员造成伤害。

三、GIS 的分类

（一）按结构形式分

根据充气外壳的结构形状，GIS 可分为圆筒形和柜形两大类。第一大类依据主回路配置方式还可分为单相—壳式（即分相式）、部分三相—壳式（又称主母线三相共筒式）、全三相—壳式和复合三相—壳式四种；第二大类又称 C-GIS，俗称充气柜，依据柜体结构和元件间是否隔离可分为箱式和铠装式两种。

（二）按绝缘介质分

按绝缘介质可分为全 SF_6 气体绝缘式（F-GIS）和部分气体绝缘式（H-GIS）两类。

四、GIS 配电装置的巡视检查

用 SF_6 气体绝缘的设备可免除外界环境，诸如温度、湿度及大气污染等因素的影响，并能保持设备在良好的条件下运行。这是由于 SF_6 气体具备了优良的绝缘和灭弧性能。其触头和其他零部件的使用寿命更长，结构更简单，机构部分的协调性能和可靠性更高。显然 SF_6 气体绝缘设备较一般电气设备的各方面特性都优越得多。

一般情况下，设备不必修理，并具有检修周期长的特点。GIS 巡视检查的目的是保护 SF_6 气体绝缘设备及其他附属设备的性能以及预防故障发生。

从 SF_6 全封闭组合电器的结构特征出发，其检查要点就是通过 SF_6 气体的压力和人的各种直接感觉来发现金属罐内部主回路的异常情况。另外，操作机构和金属罐外部结构件的检查要点与非 SF_6 气体绝缘的电器相同。

（一）SF_6 气体的压力

维持和控制 SF_6 全封闭组合电器中气体的压力是非常重要的。因此，设置带有温度补偿的压力开关对于 SF_6 气体压力进行自动监视，还可以通过压力表进行辅助监视。由于定期地监视 SF_6 气体压力，就有可能在温度补偿压力开关发出警报以前发现漏气的征兆。

（二）异常声音

以压缩空气操作机构的漏气声音，压气机、电动机等辅助机器不正常旋转的声音作为预定检查的项目，这与其他机器是相同的。一旦在金属罐内主回路中出现不正常的局部放电时，就能够听到通过 SF_6 气体，从金属罐壁中传出来的，具有某种特殊的声音。此外，由于电流通过内部导体产生的电磁力、静电力而出现的微振动、螺母松动等不正常情况，都可从金属罐中传出的声音变化反映出来。

（三）发热并产生异臭

如带电的内部导体接触不正常，将会在不正常部位附近的金属罐上出现发热现象。当操作机构的控制继电器、电动机等出现发热，产生异常气味时，检查要点与其他设备相同。

（四）生锈

生锈表明沾水，还要考虑会出现被腐蚀、滑动不灵、接触不良的情况。金属罐法兰的连接部分，露在外面的连接导体或操作机构部件等都是需要检查预防生锈的部件。

（五）其他结构的目测检查

检查组合电器的操作机构、连接机构的轴销、弹簧挡圈、开口销等有无损伤，有无漏气、漏油的痕迹，连杆有无变形，水是否渗入外壳，结构件有无变形，漆层有无剥落等方面，其检查要点与其他电力设备相同。SF_6 全封闭电器独特的结构部分有压力表、温度补偿压力开关、法兰的绝缘装配、外部连接导体、SF_6 管道系统、阀门，应通过目测检查这些部件有无损伤。

当 GIS 断路器累计分合 3000~4000 次或累计开断电流 4MA 以上时，检查一次其动静耐弧触头，一般需运行 20 年及以上时才会达到上述数字。当 GIS 隔离开关和接地开关分合闸 3000 次以上时，应检查其磨损情况。而 GIS 装置的第一次解体大修一般需要在运行 20 年后进行或在 GIS 事故后进行，目前通常是委托制造厂进行。

任务五　配电装置常见故障分析与处理

一、弹簧储能操作机构的故障处理

采用弹簧储能操作机构的断路器在运行中，发出弹簧未储能信号时，运行人员应迅速检查交流回路及电机是否有故障。若电机有故障时，应动手将弹簧储能；若交流电机无故障而且弹簧已经拉紧（储能），是二次回路误发信号；若系弹簧锁住机构有故障，且不能处理时，应汇报调度，申请停用。

二、电磁操作机构的故障处理

电磁机构若合闸失灵，应适当处理，包括操作电压低、合闸电路断路、合闸接触器低压动作值不合格或接触不良、断路器辅助转换触点配合不当、合闸铁心卡涩等；若分闸失灵，应检查处理，包括操作电压低、分闸电路断路、分闸铁心卡涩等。无论分闸或合闸失灵，当运行人员不能处理时，均应申请调度，设法使断路器停用，启用旁路断路器代替、转移负荷等。

三、检修

从长远观点来说，SF_6 断路器仍然需要检修，因为体外渗透，大气中水分可能侵入到断路器内部，虽然 SF_6 断路器内部放置有吸附剂可以吸附一些水分，但运行足够长时间以后，当吸附剂达到饱和，侵入的水分将影响断路器的绝缘性能，这时需要拆卸断路器以更换吸附剂。当 SF_6 断路器开断短路足够次数或开断短路电流累计值达到一定值后，SF_6 气体密度将下降到一定程度，从而影响灭弧性能，这时就需要考虑更换 SF_6 气体了。

触头系统和喷口被密封在灭弧性能优良的 SF_6 气体中，其电寿命可以很长。但是，触头系统和喷口处在高温电弧区内总是要被灼伤，当 SF_6 断路器开断短路次数或开断短路电流累计值达到一定值后，触头系统和喷口烧损到不能正常使用时，也需要考虑检修或更换触头系统和喷口。

SF_6 断路器所配用的操动机构，如气动机构、液压机构和弹簧机构等，这些机构并不是 SF_6 断路器的专用机构，和常规设备所配用的机构一样需要经常维护。

SF_6 断路器的检修周期：一般检修周期为 3 年，详细检修周期为 6 年。

综上所述可知 SF_6 断路器及 GIS 配电装置检修和维护的重要性和必要性。在实际应用中，应全面考虑种种因素的影响，给 SF_6 断路器及 GIS 配电装置的正常工作提供必要的条件，如果发现问题，应及时解决。

【任务工作单】

任务目标：
能对配电装置设计的基本步骤进行简要阐述
能分析屋外、内配电装置的一般问题
能对 GIS 配电装置进行巡视检查
能对配电装置异常情况进行分析、处理

1．配电装置的分类和基本要求有哪些？
2．屋外、内配电装置的类型及特点有哪些？
3．GIS 配电装置的优、缺点有哪些？
4．GIS 配电装置可分为哪几类？

项目六　水电厂交、直流部分运行与维护

【学习目标】

> ➢ 知道交、直流绝缘监察装置的运行与维护。
> ➢ 知道直流系统的组成及工作原理。
> ➢ 知道水电厂交、直流部分常见故障与处理。

【项目描述】

某水电厂（2×640MW 机组）110V 直流系统绝缘监测仪发出接地告警，显示负极对地电阻为 0 Ω，无法确定接地支路。现场用万用表测量负极对地电压 0.2V，正极对地电压 116.8V，判定为负极直接接地。此时 1 号机组正值检修期间，全厂仅 1 台机组运行，消缺风险很大。假如你是检修人员，请对该故障进行检修。

任务一　水电厂绝缘监察装置运行与维护

一、交流绝缘监察装置

在中性点非直接接地三相系统中，发生一相接地时，故障相对地电压降低（极限情况下降到零），其他两相对地电压升高（极限情况下升至线电压），但线电压值不变，用电设备仍可正常工作。因此，在中性点非直接接地系统中发生一相接地时，可以允许继续运行一段时间，通常为 2h。但是，假如一相接地的情况不能及时被发现和加以处理，则由于两非故障相对地电压的升高，可能在绝缘薄弱处引起绝缘被击穿而造成相间短路。因此，必须装设绝缘监察装置，以便在电网中发生一相接地时，及时发出信号，使值班人员在规定时间内找出接地线路并设法消除接地故障。

绝缘监察装置是基于发生单相接地时系统中出现零序电压而构成的无选择性接地保护装置。图 6-1 所示为交流绝缘监察装置电路图。TV 是母线电压互感器，可用三相五柱式或用三个单相三绕组互感器。其一次绕组为星形，中性点接地。正常时每相一次绕组加的是相对地电压，故二次侧星形每相绕组电压是 $100/\sqrt{3}$ V，开口三角形每相绕组电压是 100/3V，开口三角形端输出为 0V。若一次系统中某相发生接地时，一次侧该相绕组电压

降低，其他两相电压升高；二次侧星形绕组的接地相绕组电压降低，其他两相电压升高；所接三个电压表中接地相示数下降，而另两相示数升高，由此，便得知一次系统中电压表示数低的一相接地。二次侧开口三角形的接地相绕组电压降低，其他两相绕组电压升高，三角形开口两端出现电压，极限情况为 100V。当此电压达到过电压继电器 KV 的启动电压时，KV 动作并发出信号。35kV 系统、发电机电压系统、自用电高压系统，都是中性点非直接接地系统，一般公用一套绝缘监察电压表，用转换开关进行切换，使电压表换接至各相应的电压互感器二次侧。

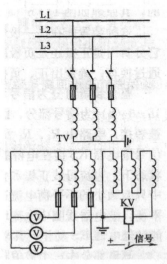

图 6-1 交流绝缘监察装置电路图

当引出线较多时，为了寻找故障，采用依次拉闸的办法，将使操作繁重，此种情况下可采用具有自动寻找线路功能的小电流接地信号装置，例如采用 ZD-4 型小电流接地信号装置。值班人员可利用此装置方便地寻找出故障线路。

二、直流绝缘监察装置

发电厂和变电所的直流系统比较复杂，它需要供电给动力、照明、控制、信号、继电保护及自动装置等系统，而且还必须通过电缆线路与屋外配电装置的端子箱、操动机构等连接，发生接地的机会较多。直流系统发生一点接地时，由于没有短路电流通过，熔断器不会熔断，仍能继续运行。但是，这种故障必须及早发现并予以排除，否则当另一点又发生接地时，就有可能引起信号回路、控制回路、继电保护回路和自动装置回路的不正确动作。图 6-2 所示的线路继电保护电路中，当发生两点接地时，因中间继电器 KC 的触点被短接，而使断路器错误跳闸。另外，在有一极接地时，又发生另一极接地，就会造成直流短路。因此，不允许直流系统长期带着一点接地运行，必须装设直流绝缘监察装置。

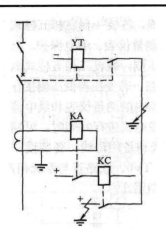

图 6-2　线路接地保护直流操作回路一极发生两点接地的情况

（一）由电磁型继电器构成的绝缘监察装置

目前，在发电厂和变电所中广泛采用的直流系统绝缘监察装置是由电磁型继电器构成的，其原理如图 6-3a 所示。

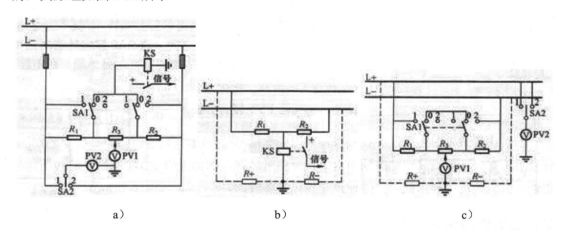

a)　　　　　　　　　　　b)　　　　　　　　　　　c)

图 6-3　直流绝缘监察装置的工作原理

a）整组电路图；b）信号部分；c）测量部分

这种装置能在任一极绝缘电阻低于规定值时，自动发出灯光和音响信号，并且可以利用它分辨出是正极还是负极的绝缘电阻降低；还可以测出直流系统对地的总绝缘电阻值。然后通过换算，确定出正、负极的绝缘电阻值。

整个装置可分为信号和测量两部分，这两部分都是根据直流电桥的工作原理构成。图 6-3b 为信号部分，图 6-3c 为测量部分。平时开关 SA1 处于 0 位置，电位器 R_3 被短接。电路由 R_1、R_2 及直流系统正、负极对地绝缘电阻 $R+$、$R-$ 组成电桥的四个臂，信号继电器 KS 接在电桥的对角线上。电阻 R_1、R_2、R_3 相等，通常选用均为 1000Ω。正常状态下，直流母线正极和负极的对地绝缘良好，电阻 $R+$ 与 $R-$ 相等，信号继电器 KS 线圈中只有微小的不平衡电流通过，继电器不动作。当某一极的对地绝缘电阻下降时，电桥失去平衡，继电器线圈中电流增大。当绝缘电阻下降到一定值时，流过继电器线圈的电流增大到能使继电器 KS 动作，其常开触点闭合，发出预告信号。

测量部分由三个数值相等的电阻 R_1、R_2、R_3 以及电压表 PV1、PV2 和转换开关 SA 组成，其中 R_3 是电位器。利用测量部分可以判断是哪一极接地，并可测量换算出各极对地的绝缘电阻 $R+$ 和 $R-$。

正常状态下，各极对地绝缘良好时，不论转换开关 SA2 放在 1 或 2 的位置，电压表 PV2 的指示均为零或很小。如正极接地，则 SA2 放在 1 位置时电压表 PV2 指示为零，放在 2 位置时电压表 PV2 指示为直流母线电压。负极接地时，PV2 在 SA2 处于 2 位置时指示为零。因此，值班人员接到信号部分发出一点接地信号后，首先即可操作转换开关 SA2，根据 PV2 的指示判断出是哪一极接地，然后利用测量部分换算出各极对地的绝缘电阻 $R+$ 和 $R-$。

一经判别为负极接地，应先将转换开关 SA1 放在 2 位置，电阻 R_2 被短接；然后调节电位器 R_3 的滑动触头，使电压表 PV1 的指示为零，电桥处于新的平衡状态；记下滑动触头此时在电位器 R_3 位置上刻度的百分值 X，然后将 SA1 转换到 1 位置，则电压表 PV1 有指示。通常直流绝缘监察装置电压表 PV1 的盘面上有电压和电阻两种刻度，其中电阻刻度与直流母线的额定电压相对应。

当 SA1 转换到 1 位置时，电压表 PV1 上电阻的指示数，即为直流系统正负极对地的总的绝缘电阻 R_Σ。

根据 R_Σ 可计算出正、负极对地的绝缘电阻

$$R+=\frac{2}{1-X}R_\Sigma,\ R-=\frac{2}{1+X}R_\Sigma \tag{6-1}$$

当正极接地时，先将 SA1 转换到 1 位置，调节 R3 使电桥平衡，再将 SA1 转换到 2 的位置，由电压表指示得电阻 R_Σ，则可计算出正、负极对地电阻

$$R+=\frac{2}{2-X}R_\Sigma,\ R-=\frac{2}{X}R_\Sigma \tag{6-2}$$

工程中实际应用的直流绝缘监察装置电路，如图 6-4 所示。图中，电压表 PV2 利用转换开关 SA2，可测量直流母线电压和各极对地电压。转换开关 SA2 有"断开"、"负对地"和"正对地"三个位置。平时 SA2 手柄在竖直的"断开"位置，触点 9-11、2-1、5-8 接通，电压表 PV2 测量母线电压。若将 SA2 手柄逆时针方向转 45°到"负对地"位置，触点 5-8、1-4 接通，电压表 PV2 接到负极与地之间。当 SA2 顺时针方向转 45°到"正对地"位置时，触点 1-2、5-6 接通，电压表 PV2 接到正极与地之间。利用转换开关 SA2 和电压表 PV2，可判别哪一极接地。

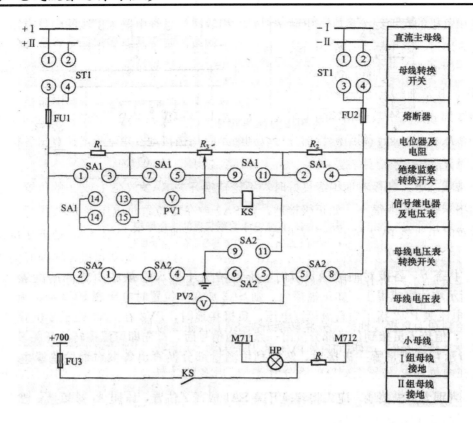

图 6-4　直流绝缘监察装置实际接线图

SA1 是绝缘测量的转换开关，它有"信号"、"测量 I"、"测量 II"三个位置。平时 SA1手柄在"信号"位置，触点 7-5，9-11 接通，SA2 在"断开"位置，触点 9-11 接通，则将继电器 KS 投入。当直流系统一点接地时，KS 动作发出预告信号。

SA1 手柄旋到"测量 I"位置时，触点 1-3、13-14 接通；旋到"测量 II"位置时，触点 2-4、14-15 接通。当已判别哪一极接地后，利用转换开关 SA1 和电压表 PV1，可测量直流系统对地总的绝缘电阻 R_Σ，然后利用上述公式可计算出正、负极对地绝缘电阻值。

（二）新型的直流系统绝缘监察装置

近年来，很多新型的直流系统绝缘监察装置已被设计制造出来，有的已经应用于现场。它们共同的特点是都采用了微型计算机控制技术，但基本功能与前述电磁型装置是一样的。

下面以广泛采用的 WZJ 微机型直流系统绝缘监察装置为例介绍这类设备的原理。该装置的原理方框图如图 6-5 所示，其功能主要有以下几种：

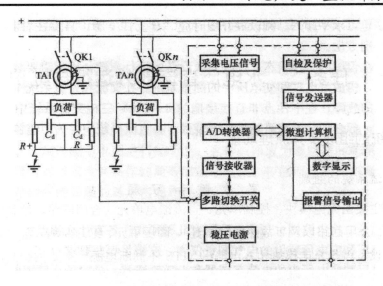

图 6-5　WZJ 微机型绝缘监察装置原理方框图

1．常规监测

通过两个分压器取出"+对地"和"-对地"电压，送入 A/D 转换器，经微机作数据处理后，通过数字显示正负母线对地电压值和绝缘电阻值，其监测无死区。当电压过高或过低、绝缘电阻过低时将发出报警信号，报警整定值可自行选定。

2．对各分支回路绝缘的巡查

各分支回路的正、负出线上都套有一个小型电流互感器，并用一低频信号源作为发送器，通过两隔直耦合电容向直流系统正、负母线发送交流信号。由于通过互感器的直流分量大小相等、方向相反，它们产生的磁场相互抵消；而通过发送器发送至正、负母线的交流信号电压幅值相等、相位相同，在互感器二次侧就可反映出正、负极对地的绝缘电阻 $R+$、$R-$ 和分布电容 C_d 的泄漏电流向量和；然后取出阻性（有功）分量，送入 A/D 转换器，经微机作数据处理后，通过数字显示阻值大小和支路序号。整个绝缘监测是在不切断分支回路的情况下进行的，因而提高了直流系统的供电可靠性，且没有监测死区。即使在直流电源消失的情况下，仍可实现巡查功能。

3．其他

该装置配备有打印功能，在常规监测过程中，如发现被监测直流系统参数低于整定值，除发出报警信号外，还可自动将参数和时间记录下来以备运行和检修人员参考。如果直流系统存在多点非金属性接地，起动信号源，该装置可将所有的接地支路找出。如果这些接地点中存在一个或一个以上的金属性接地，该装置只能寻找距离其最近的一条金属性接地支路。这是因为信号源发射的信号波已被这条支路短接，其他的金属性接地点不再有信号波通过，故其他接地点不能被检查出来。只有先将最近的一条金属性接地支路故障排除后，才能依次寻找第二条最近的金属性接地点。依此类推，可找出所有的接地回路。

任务二　水电厂直流部分运行与维护

一、直流系统的组成及其原理功能

（一）直流系统的组成

直流系统主要由充电模块、控制单元、直流馈电单元（合闸回路、控制回路、保护回路、信号回路、公用回路以及事故照明回路等）、降压单元、绝缘监测、蓄电池组等组成。其中最主要的设备就是充电模块和蓄电池组，UPS 不间断电源，主要供给监控系统计算机电源。

（二）直流系统的工作原理和功能

1．交流配电单元

交流配电单元将交流引入分配给各个充电模块，扩展功能为实现两路交流输入的自动切换。

2．高频开关充电模块

三相三线交流电 380VAC 经三相整流桥整流后变成脉动的直流，在滤波电容和电感组成的 LC 滤波电路的作用下，输出直流电压，再逆变为高频电压并整流为高频脉宽调制脉冲电压波，最后经过高频整流，滤波后变为 220VDC 的直流电压，经隔离二极管隔离后输出，一方面给蓄电池充电，另一方面给直流负载提供正常工作电流。

3．调压硅链模块

充电模块在蓄电池浮充时输出一般约为直流 240V 左右，在蓄电池均充时一般约为直流 250V 左右送至合闸母线，蓄电池则经蓄电池总保险送至合闸母线，正常时调压硅链的控制开关置于"自动"位置，经硅链自动降压后输出稳定的 220VDC，送至控制母线，以上两部分共同组成直流输出系统。

4．配电监控模块

配电监控模块主要是对交流输入和直流输出的监控，可检测三相交流输入电压，蓄电池组端口电压，蓄电池充/放电电流，合闸母线电压，控制母线电压，负载总电流；并且实现空气开关跳闸，防雷器损坏，蓄电池组电压过高/过低，蓄电池组充电过流，蓄电池组熔丝断，合闸母线过/欠压，控制母线过/欠压，各输出支路断路等故障告警。

5. 绝缘监测模块

绝缘监测模块用于监控直流系统电压及其绝缘情况，在直流系统出现绝缘强度降低等异常情况下，发出声光告警，并能找出对应的支路号和对应的电阻值。

6. 蓄电池组

蓄电池组的主要作用是在交流正常时储存电能，在交流停电时释放电能，保证直流系统不间断地向负载供电。

二、直流系统运行维护

直流系统的运行维护主要有以下几个方面。

（一）日常巡视

（1）运行人员每天要对运行设备系统上各装置是否正常进行检查。

（2）定期检查系统上的各个装置的参数定值是否正常、各馈出开关是否在正常位置；熔断器是否工作正常。

（3）对于一个站使用两套或以上充电装置，每天要巡视各母联开关位置是否正常。

（4）定期对蓄电池进行外观检测，检查螺钉有无松动。

（5）定期检查各组蓄电池浮充电流值、蓄电池端电压和环境温度等是否在正常范围。

（二）定期清扫保持设备整洁。

（三）定期进行试验

（1）各装置参数实际值的测量，装置显示值误差调整。

（2）各装置参数设置值定期检查。

（3）单模块输出电压调整校准。

（4）各装置报警功能试验，同时检查各硬接点输出是否正常。

（5）微机监控单元自动控制功能试验。

（6）绝缘检测模拟接地告警试验。

（7）降压装置手动、自动试验。

（8）电池的定期充放电试验（注意：过度放电会缩短蓄电池寿命，甚至造成永久性损坏）。

（9）监控装置手动均浮充转换试验。

（10）后台通信功能试验。

任务三 水电厂交、直流部分常见故障与处理

水电厂交、直流部分常见故障与处理主要有以下几种。

（一）交流过欠电压故障

（1）检查交流输入是否正常及低压断路器或交流接触器是否在正常运行位置

（2）检查交流采样板上采样变压器和压敏电阻是否损坏。

（二）空气开关脱扣故障

检查直流馈出空气开关在合闸的位置而信号灯不亮，确认此开关是否脱扣。

（三）熔断器熔断故障

（1）检查蓄电池组正负极熔断器是否熔断。

（2）检查熔断信号继电器是否有问题。

（四）母线过欠电压

（1）检查母线电压是否正常。

（2）检查充电参数及告警参数设置是否正确。

（3）检查降压装置控制开关是否在自动位置。

（五）母线接地

（1）检查微机控制器负对地电压和控母对地电压是否平衡。若负对地电压接近于零，则判定负母线接地。

（2）采用高阻抗的万用表实际测量母线对地电压，判断有无接地。

（3）若系统配置独立的绝缘检测装置，可从该装置上查看。

（六）模块故障

（1）检查电源模块是否有黄灯亮，若黄灯亮表示交流输入过欠电压或直流输出过欠电压或电源模块过热，再检查交流输入及直流输出电压是否在允许范围内和模块是否过热。

（2）当电源模块输出过压时，将关断电源输出，只能关机后再开机恢复。

（七）绝缘检测报母线过欠电压

（1）检测母线电源是否在正常范围。

（2）查看装置显示的电压值是否同实际相符。

（3）以上都正常则可能装置内部器件出现故障，联系厂家修理。

（八）绝缘检测装置报接地

（1）检查故障记录，确认哪条支路发生接地，接地电阻值是多少。

（2）根据以上检查结果将故障接地支路排除。

（九）电池巡检仪报单只电池电压过欠电压。

（1）查看故障记录，确认哪几只电池电压不正常。

（2）查看故障电池的保险和连线有无松动或接触不良。

（十）蓄电池充电电流不限流

（1）确认系统是否在均充状态。

（2）确认充电机输出电压是否已达到均充电压。若输出电压已达到均充电压，则系统处在恒压充电状态，不会限流。

（3）检查模块同监控之间接线是否可靠连接。

（十一）阀控蓄电池的故障和处理

1．阀控蓄电池壳体鼓胀变形

造成原因：充电电流过大，充电电压超过了 2.4V×N（2V 为单体的电池个数）；蓄电池内部有短路或局部放电等造成温升超标；阀控失灵使蓄电池不能实现高压排气，内部压力超标等。

处理方法：进行核对性放电，容量达不到额定值 80% 以上的蓄电池应进行更换；运行中减少充电电流，降低充电电压，检查安全阀体是否堵死。

2．浮充电时蓄电池电压偏差较大（大于平均值±0.05V）

造成原因：蓄电池制造过程分散性大；存放时间长，又没按规定补充电。

处理方法：质量问题，应更换不合格产品；存放问题，应按要求进行全容量反复充放 2~3 次，使蓄电池恢复容量，减少电压的偏差值。

3．运行中浮充电压正常，但一放电，电压很快下降到终止电压值

造成原因：蓄电池内部失水干，电解物质变质。

处理方法：更换蓄电池。

4．核对性放电时，蓄电池放不出额定容量

造成原因：蓄电池长期欠充电，单体蓄电池电压浮充时低于 2.23~2.28V，造成极板硫酸盐化；深度放电频繁（如每月一次）；蓄电池放电后没有立即充电，极板硫酸盐化。

处理方法：浮充电压运行时，单体蓄电池电压应保持在 2.23~2.28V；避免深度放电；对核对性放电达不到额定容量的蓄电池，应进行 3 次核对性放电，若容量仍达不到额定容量的 80% 以上，应更换蓄电池组。

（十二）直流系统绝缘故障和处理

直流系统的正、负母线绝缘电阻均不能低于规定门限值，当任何一点出现接地故障时

将会打乱变电站的整个正常运行秩序，造成控制、信号、保护的严重紊乱，必须迅速排除故障，以免出现两点同时接地短路而造成的直流系统熔断器熔断及使断路器出现误动、拒动等。

1. GZDW 系统绝缘监测两种方式

母线监测式仅监测母排同保护地间绝缘电阻的变化情况。支路巡查则可同时监测母排和各支路的绝缘状况，并作出相应告警。发生绝缘告警的主要原因有以下：其分路出线受潮、破损或负载设备安装错误；GZDW 系统在运输、开箱、安装过程中出现的导电异物等。

2. 查找直流接地故障的一般顺序

（1）分清接地故障的极性，分析故障发生的原因：长时阴雨天气，会使直流系统绝缘受潮，室外端子箱、机构箱、接线盒是否因密封不良进水等；站内二次回路上有无人员在工作、是否与工作有关。

（2）将直流系统分成几个不相联系的部分，即用分网法缩小查找范围。

（3）对于不太重要的直流负荷及不能转移的分路，利用"瞬停法"（一般不应超过3s），各站应根据本站情况在现场运规中制定拉路顺序；对于较重要的直流负荷，用转移负荷法，查找该分路所带回路有无接地。

（4）如果接地点是在 GZDW 系统内，可以采用逐段排除来确认告警具体位置。具体方法是：依次抽出充电模块；断开各功能单元和母线间的熔断器连接；断开蓄电池接入开关。分段、分步测量故障母线同保护地间的电压状况。通常，GZDW 系统出厂后发生电气故障可能性较小，在找出"故障段"后，其故障点多可通过目测直接发现。

（5）确定接地点所在部位后，再逐步缩小范围认真查找，直到查出接地点并消除。

3. 直流接地处理原则

当中控室上位机发出"直流系统Ⅰ/Ⅱ段接地故障"信号时，工作人员应检查直流系统绝缘监测仪，确定哪段直流系统发生接地故障，并读出接地故障回路号。同时判断接地故障为瞬间接地故障还是永久性接地故障。查找和处理直流接地故障时，应预先做好周密的安全措施，防止继电保护和安全自动装置误动作。

（1）永久性接地故障。根据负荷情况，对于可短时断电的故障回路，如拉开此回路直流空气开关接地故障立即消失，合上后接地故障又出现，便可确定接地故障发生在此回路，应进一步检查此回路的各支路负荷，找出并消除接地故障。对于不能短时断电的回路，应将设备解列，做好必要的安全措施，进一步排查。日常工作中多使用万用表查找直流接地故障。假设直流正极接地，使用万用表测量该故障回路时，其正极对地电压应<110V。将该回路所带支路负荷逐路解开，同时监视正极对地电压变化，若解开某一支路负荷后，电压值发生变化，则该支路负荷回路一定存在接地故障。若正极对地电压暂时恢复正常，说明该支路暂时没有与负极连成回路，即该回路继电器或线圈等负载经一些接点断开未形

成回路。若直流接地由正接地变为负接地，说明该回路此时与负极连成回路，即该回路某些继电器或线圈等负载通过闭合接点励磁，此时应重点查找励磁的继电器及线圈回路。这点对于现场直流系统接地故障查找十分重要，工作人员应引起重视。当直流接地故障在蓄电池、整流充电装置或直流母线处时，使用万用表测量直流屏整流充电装置输出的正极对地电压＜110V，瞬时断开高频整流充电装置的 3ZK 或 4ZK 直流输出开关，若所测电压明显上升，说明接地点在整流充电装置；若所测电压值无变化，说明接地点在直流母线或蓄电池室，应仔细检查屏内设备及蓄电池。

（2）频繁发生的瞬间直流接地故障。该故障查找相对难一些，此时应重点注意电站中易受油、水、粉尘等影响的运行设备，并结合当时操作、设备运行以及天气情况进行综合分析，从设备运行状态的变化中寻找突破点，进而找到接地点并彻底处理。

4．蓄电池组巡视要点

（1）蓄电池外观无破裂、无渗漏；

（2）蓄电池连接端头紧固、无腐蚀。

5．直流充电柜巡视要点

（1）交流Ⅰ路、交流Ⅱ路电源指示红灯亮；监控模块、充电模块 1、充电模块 2、充电模块 3"电源"指示绿灯亮。

（2）柜内充电模块 1、充电模块 2、充电模块 3 空气开关在合位，风扇运行正常。

（3）柜内交流输入 1、流输入 2 空气开关在合位，直流充电屏柜内各输出熔断器完好。

（4）监控模块液晶屏显示正常。

（5）调压控制开关在"自动"位，交流切换开关在"自动"位。

（6）防雷装置指示 3 个绿灯亮。

（7）"蜂鸣器开"、"故障告警"开关开启。

（8）屏后各模件插头紧固，接触良好。

6．直流馈电柜巡视要点

（1）馈电屏母线控制开关在合位。

（2）馈电屏柜"电源"指示绿灯亮，"运行"绿灯闪烁。

（3）屏上所有空气开关在合位，所有指示灯亮。

（4）屏上各模件插头紧固，连线无松动现象。

（5）"故障告警"、"蜂鸣器开"开关在合位。

【案例】直流系统正极接地

（1）运行方式

某电站直流母线为单母线，共有负荷输出 16 路，其中，远动直流电源 1（支路 5），分别接有 1 号主变和几条线路。直流系统有微机绝缘监察装置（具有选线功能），常规绝缘监察装置，并有微机监控系统，电池巡检单元。

（2）异常现象

报警，自动化信息显示"直流系统绝缘降低"。现场检查变压器直流屏绝缘监察装置显示接地，正极对地电压为0，负极对地电压为220V，支路5接地。

（3）异常分析判断

查直流接线图，远动直流电源1，所供回路为1号主变和几条线路。室内检查上述装置无异常。室外下大雨，分接箱门正常关闭无异常，可能是几条线路和变压器间隔直流回路接地。

（4）异常处理

【任务工作单】

任务目标：

能对水电厂绝缘监察装置进行分析

能对直流系统进行巡视检查

能对交、直流部分异常情况进行分析、处理

1．新型直流系统绝缘监察装置的功能有哪些？

2．直流系统有哪些部分组成？

3．直流系统的工作原理和功能有哪些？

项目七　水电厂主变压器运行与维护

【学习目标】

➢ 知道主变压器的基本工作原理、分类和冷却方式。

➢ 掌握主变压器的运行方式及检查维护内容。

➢ 知道主变压器事故处理的原则。

【项目描述】

一小雨天气，某水电厂的线路工准备处理 5 号变台主变压器故障，可是由于绝缘工具都拿去做耐压试验了，现场无绝缘工具，于是该线路工找来一根干燥的竹竿将变台跌落开关拉开，在确定无大问题后，便再次用竹竿合跌落开关，结果造成触电事故。假如你是检修人员，请你对该故障进行正确检修。

任务一　水电厂主变压器认知

一、变压器的基本工作原理

变压器是利用电磁感应定律把一种电压等级的交流电能转换成同频率的另一种电压等级的交流电能，其基本结构示意图如图 7-1 所示，在铁芯柱上绕制两个绝缘线圈，电源侧的线圈称为一次绕组，负载侧的线圈称为二次绕组。

当一次绕组接到交流电源时，绕组中便有交流电流流过，并在铁芯中产生与外加电压频率相同的磁通，这个交变磁通同时交链着一次绕组和二次绕组。一、二次绕组的感应电动势分别为：

$$e_1 = -N_1 \frac{\mathrm{d}\varphi}{\mathrm{d}t} ; \quad e_2 = -N_2 \frac{\mathrm{d}\varphi}{\mathrm{d}t} \tag{7-1}$$

由于 $e_1 \approx u_1$；$e_2 \approx u_2$；

因此：

$$\frac{u_1}{u_2} \approx \frac{e_1}{e_2} = \frac{N_1}{N_2} = k \tag{7-2}$$

其中 k 为变压器的变比，它等于一、二次绕组的匝数比，也等于一次一相绕组的感应电动势与二次一相绕组的感应电动势之比。

由此可见，只要改变变压器的变比 k，就能达到改变电压的目的。

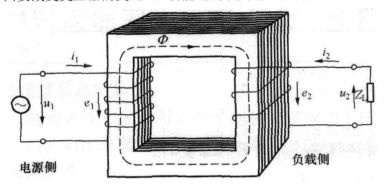

图 7-1　变压器的基本结构示意图

二、变压器的分类

变压器的种类很多，可按其用途、相数、结构、调压方式、冷却方式等的不同来进行分类。

（1）按用途分类可分为升压变压器、降压变压器两类。

（2）按相数分类可分为单相变压器和三相变压器两类。

（3）按绕组数分类可分为双绕组变压器、三绕组变压器和自耦变压器三类。

（4）按铁芯结构分类可分为芯式变压器、壳式变压器和组式变压器三类。

（5）按调压方式分类可分为无励磁调压变压器、有载调压变压器两类。

（6）按冷却介质和冷却方式分类可分为油浸式变压器、干式变压器和气体绝缘变压器等类型。

（7）按容量大小分类可分为小型变压器、中型变压器、大型变压器和特大型变压器四类。

三、变压器的冷却方式

变压器在运行中，绕组和铁心的热量先传给油，然后通过油传给冷却介质。为了提高变压器的出力而不影响使用寿命，必须加强变压器的冷却，变压器的冷却方式有以下类型。

（一）自然油循环自然冷却（油浸自冷）

它是靠变压器油自然循环，油受热后比重小而上升，冷却后比重大而下降，这种冷热油不断对流的冷却方式为自然冷却方式。采用这种冷却方式的变压器容量较小，大多为 7500kVA 以下，在发电厂中大部分为厂用变压器。

（二）自然油循环风冷（油浸风冷）

较大型变压器为了加强表面冷却而在每组散热器上装设风扇实行吹风冷却。此类变压器一般都在铭牌上载有不使用风冷和使用风冷的额定容量，前者容量为后者的60%~80%。

为降低厂用电，一般规定上层油温超过 55℃启动风冷；低于 45℃时停止风冷。运行时应注意不要将风扇装反或转向弄反，否则将失去风冷作用。油浸风冷变压器冷却装置如图 7-2 所示。

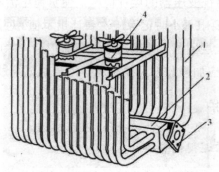

图 7-2　油浸风冷变压器冷却装置

1-圆管形散热器；2-联箱；3-与箱壳连接的法兰；4-冷却风扇

（三）强迫油循环风冷

大型变压器仅靠表面冷却是远远不够的，因为表面冷却只能降低油的温度，而当油温降到一定程度时，油的黏度增加以致降低油的流速，使变压器绕组和油的温升增大，起不到冷却作用。为了克服变压器表面冷却的这一缺点，采用强迫油循环风冷，以加快流速起到冷却作用。图 7-3 为强迫油循环风冷变压器冷却系统图。为了防止漏油或漏气，油泵采用埋入油中的潜油泵，潜油泵故障时可发出信号和投入备用冷却器，一台变压器往往装有多台风冷却器，有的作为备用。另外，变压器还有强迫油导向循环风冷或水冷等多种冷却方式。

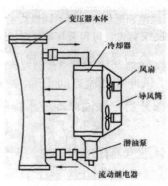

图 7-3　强迫油循环风冷变压器冷却系统图

任务二　水电厂油浸式主变压器和附属设备运行与维护

一、变压器正常运行监视

变压器运行时，运行值班人员应根据控制盘上的仪表（有功表、无功表、电流表、电压表、温度表等仪表）来监视变压器的运行情况，使负荷电流不超过额定值，电压不得过高，温度在允许范围内，并要求每小时记录一次表计指示值。对无温度遥测装置的变压器，在巡视检查时抄录变压器上层油温。若变压器过负荷运行，除应积极采取措施外（如改变运行方式或降低负荷），还应加强监视，并在运行记录中记录过负荷情况。

二、变压器正常运行维护

（一）油浸变压器正常巡视检查项目

运行值班人员应定期对变压器及其附属设备进行全面检查，每班至少一次（发电厂低压厂用变压器每天检查一次，每周进行一次夜间检查），具体检查项目如下：

（1）检查变压器声音应正常。

（2）检查储油柜和充油套管的油位、油色应正常，各部位无渗漏油现象。

（3）检查油温应正常。变压器冷却方式不同，其上层油温也不同，但上层油温不应超过规定值。运行值班人员巡视检查时，除应注意上层油温不超过规定值外，还应根据当时的负荷情况、环境温度及冷却装置投入情况，与以往数据进行比较，以判明引起温度升高的原因。

（4）检查变压器套管应清洁，无破损、裂纹和放电痕迹。

（5）检查引线接头接触应良好。各引线接头应无变色、过热、发红现象，接头接触处的示温蜡片应无熔化现象。用快速红外线测温仪测试，接触处温度不得超过70℃。

（6）检查呼吸器应完好、畅通，硅胶无变色。油封呼吸器的油位应正常。

（7）防爆门隔膜应完好无裂纹。

（8）检查冷却器运行正常。冷却器组数按规定启用，分布应合理，油泵和风扇电动机无异音和明显振动，温度正常，风向和油流方向正确，冷却器的油流继电器应指示在"流动位置"，各冷却器的阀门应全部开启，强油风冷或水冷装置的油和水的压力、流量应符合规定，冷油器出水不应有油。

（9）检查气体继电器。气体继电器内应充满油，无气体存在。继电器与储油柜间连接阀门应打开。

（10）检查变压器铁心接地线和外壳接地线。接地线无断线，接地良好，用钳形电流表测量铁心接地线电流值应不大于 0.5A。

（11）检查调压分接头位置指示应正确，各调压分接头的位置应一致。

（12）检查电控箱和机构箱。箱内各种电器装置应完好，位置和状态正确，箱壳密封良好。

（二）油浸变压器特殊巡视检查项目

当系统发生短路故障或天气突然发生变化（如大风、大雨、大雪及气温骤冷骤热等）时，运行值班人员应对变压器及其附属设备进行重点检查。

1．变压器或系统发生短路后的检查

检查变压器有无爆裂、移位、变形、焦味、烧伤、闪络及喷油，油色是否变黑，油温是否正常，电气连接部分有无发热、熔断，瓷质外绝缘有无破裂，接地引下线有无烧断。

2．大风、雷雨、冰雹后的检查

检查引线摆动情况及有无断股，引线和变压器上有无搭挂落物，瓷套管有无放电闪络痕迹及破裂现象。

3．浓雾、毛毛雨、下雪时的检查

检查瓷套管有无沿表面放电闪络，各引线接头发热部位在小雨中或落雪后应无水蒸气上升或落雪融化现象，导电部分应无冰柱。

4．气温骤变时的检查

气温骤冷或骤热时，应检查储油柜油位和瓷套管油位是否正常，油温和温升是否正常，各侧连接引线有无变形、断股或接头有无发热、发红等现象。

5．过负荷运行时的检查

检查并记录负荷电流；检查油温和油位的变化；检查变压器的声音应正常；检查接头发热应正常，示温蜡片无熔化现象；检查冷却器投入数量应足够，且运行正常；检查防爆膜、压力释放器应未动作。

6．新投入或经大修的变压器投入运行后的检查

在 4h 内，应每小时巡视检查一次，除了正常巡视项目外，还应增加以下检查内容：

（1）变压器声音是否正常，如发现响声特大、不均匀或有放电声，则可认为内部有故障。

（2）油位变化应正常，随温度的提高应略有上升。

（3）用手触及每一组冷却器，温度应正常，以证实冷却器的有关阀门已打开。

（4）油温变化应正常，变压器带负荷后，油温应缓慢上升。

（三）干式变压器巡视检查项目

干式变压器以空气为冷却介质，整个器身均封闭在固体绝缘材料之中，没有火灾和爆炸的危险。运行巡视应检查下列项目。

（1）高低压侧接头无过热，出线电缆头无渗、漏油现象。

（2）绕组的温升，根据变压器采用的绝缘等级，其温升不超过规定值。

（3）变压器运行声音正常、无异味。

（4）绝缘子无裂纹、放电痕迹。

（5）变压器室内通风良好，室温正常，室内屋顶无渗、漏水现象。

（四）变压器分接开关的运行维护

变压器无载分接开关和有载分接开关按要求进行维护。

无载分接开关变换分接头时，变压器必须停电，做好安全措施后，在运行值班人的配合下，由检修人员进行。在切换分接开关触头时，一般将分接开关各正、反方向转动5圈，以消除触头上的氧化膜和油污，使触头接触良好。分接头切换完毕，应检查分接头位置是否正确，并检查是否在锁紧位置。同时，还应测量绕组挡位的直流电阻应合格，并做好分接头变换记录。之后，方可拆除安全措施，进行送电操作。

有载分接开关的运行维护，应按制造厂的规定进行，无相关规定时，可参照以下执行。

1．有载调压时应遵守下列规定

（1）有载分接开关切换调节时，应注意分接开关位置指示、变压器电流和母线电压变化情况，并做好记录。

（2）有载调压时应逐级调压，有载分接开关原则上每次只操作一挡，隔1min后再进行下一挡的调节。严禁分接开关在变压器严重过负荷（超过1.5倍额定电流）的情况下进行切换。

（3）单相变压器组和三相变压器分相安装的有载分接开关，应三相同步电动操作，一般不允许分相操作。

（4）两台有载调压变压器并联运行时，其调压操作应轮流逐级进行。

（5）有载调压变压器与无载调压变压器并联运行时，有载调压变压器的分接位置应尽量靠近无载变压器的分接位置。

2．电动操动机构应经常保持良好状态

分接开关的电动控制应正确无误，电源可靠；各接线端子接触良好，驱动电动机运转正常，转向正确；控制盘上电动操作按钮和分接开关、控制箱上的按钮应完好；电源和行程指示灯应完好；极限位置的电气闭锁应可靠；大修（或新装）后的有载分接开关，应在变压器空载下，用电动操作按钮至少操作一个循环（升—降），观察各项指示应正确，极限位置电气闭锁应可靠，之后再调至调度要求的分接头挡位带负荷运行，并加强监视。

3．有载分接开关的切换箱应严格密封，不得渗漏

如发现其油位升高、异常或满油位，说明变压器与有载分接开关切换箱窜油。应保持变压器油位高于分接开关切换箱的油位，防止分接开关切换箱的油渗入变压器本体内，影响其绝缘油质，如有此况，应及时停电处理。

4．有载分接开关箱内绝缘油的试验与更换

每运行 6 个月取油样进行工频耐压试验一次，其油耐压值不低于 30kV/2.5min；当油耐压在 25~35kV/2.5min 之间时，应停止使用自动调压装置；若油耐压低于 25kV/2.5min 时，应禁止调压操作，并及时安排换油；当运行 1~2 年或切换操作达 5000 次后，应换油，且切换的触头部分应吊出检查。

有载分接开关装有气体保护及防爆装置，重气体保护动作于跳闸，轻气体保护动作于信号，当保护装置动作时，应查明原因。

（五）强油风扇冷却装置的运行维护

冷却装置运行时，应检查冷却器进、出油管的蝶阀在开启位置；散热器进风通畅，入口干净无杂物；检查潜油泵转向正确，运行中无杂音和明显振动；风扇电动机转向正确，风扇叶片无擦壳；冷却器控制箱内分路电源自动开关闭合良好，无振动及异常响声；检查冷却系统总控制箱正常；冷却器无渗、漏油现象。

（六）胶袋密封油枕的维护

为了减缓变压器油的氧化，在储油柜的油面上放置一个隔膜或胶囊（又称胶袋），胶囊的上口与大气相通，而使储油柜的油面与大气完全隔离，胶囊的体积随油温的变化增大或减小。该储油柜的运行维护工作主要有以下两方面：

（1）在储油柜加油时，应注意尽量将胶囊外面与储油柜内壁间的空气排尽；否则，会造成假油位及气体继电器动作，故应全密封加油。

（2）储油柜加油时，应注意油量及进油速度要适当，防止油速太快，油量过多时，可能造成防爆管喷油，释压器发信号或喷油。

（七）净油器的运行维护

在变压器箱壳的上部和下部，各有一个法兰接口，在此两法兰接口之间装有一个盛满硅胶或活性氧化铝的金属桶（硅胶用于清除油中的潮气、沉渣、油和绝缘材料的氧化物及油运行中产生的游离酸）。其维护工作主要有：变压器运行时，检查净油器上、下阀门在开启位置，保持油在其间的通畅流动。净油器内的硅胶较长时间使用后应进行更换，换上合格的硅胶（硅胶应干燥去潮，颗粒大小在 3~3.5mm，并用筛子筛净微粒和灰尘）。净油器投入运行时，先打开下部阀门，使油充满净油器，并打开净油器上部排气小阀，使其内空气排出；当小阀门溢油时，即可关闭小阀门，然后打开净油器上阀门。

任务三　水电厂油浸式主变压器和
附属设备常见故障与处理

变压器是发电厂的主要设备之一，变压器的故障，除了自身的经济损失之外，还会造成机组停运，厂用电消失，甚至还会影响到电网安全运行。运行人员必须重视变压器运行和操作，掌握变压器的异常和事故处理，保证变压器的安全运行。

一、变压器事故处理原则

（1）变压器事故处理，可分为异常运行处理、紧急停运处理和故障处理。不论哪种处理，都将会涉及厂用电系统或电网系统的运行方式，在事故处理时，必须将事故现象、性质及时间报值长，并严格执行值长的命令。

（2）变压器事故处理细则应按《运行规程》中有关章节的规定执行，认真分析具体事故现象，采取相应的处理措施，不可延缓事故处理，以免造成设备损坏、事故扩大。

（3）在变压器运行中出现任何异常时，运行人员均应尽快限制其发展，消除根源，并设法尽可能保证厂用电系统或电网的可靠供电。

（4）变压器发生任何不正常现象或事故时，应将其现象、原因、处理经过详细记录，没有查明原因及根源的，应汇报并联系检修维护人员及时查明原因，消除事故隐患。

二、变压器运行中的异常与事故处理

（一）允许先联系后停运变压器的异常现象与处理

（1）瓷套管有裂纹，同时有放电声。

（2）高压侧或低压侧引线严重过热，但未熔化。

（3）变压器顶部有落物危及安全运行不停电无法消除者。

（4）变压器连接引线有断股或断裂现象。

（5）变压器本体漏油。

（6）变压器声音异常但无放电声。

（7）变压器在正常负荷和正常的冷却条件下，温度异常升高，但未超过最高允许值。

（8）变压器的油色和油位不正常，油质不合格。

（9）变压器事故过负荷引起局部过热者。

（10）变压器冷却装置故障短期内无法恢复者。

在发生以上这些现象时，说明变压器已处于异常运行状态，但经过分析判断，其性质并不十分严重，不足以引起设备损坏或系统停电，为了不因变压器停运而影响系统，应先请示汇报，根据异常的具体情况，对系统作出相应调整后，当系统允许变压器停运时，再根据情况决定是否将变压器停运。

（二）变压器温度异常升高的检查与处理

（1）检查是否因负荷过高或环境温度变化所致，同时核对相同条件下的变压器温度记录。

（2）检查变压器冷却装置运行是否正常，油泵风扇运行是否良好，潜油泵流量计的指示是否正常。若温度升高的原因是由于冷却系统的故障，应加强检查监视，或增加临时风扇，加强冷却。若在运行中无法修理者，应将变压器停运修理；若不能立即停运，则值班人员应按现场规程的规定，调整变压器的负载至允许运行温度下的相应容量。

（3）全面检查变压器外部，核对变压器就地温度计与集控室远方测温表指示是否一致，若有条件，应校验温度表指示是否正确。

（4）经上述检查没有发现异常现象，即可认为是变压器内部故障引起，应将变压器停运。

（5）变压器油位因温度上升有可能高出油位指示极限，经查明不是假油位所致时，则应放油，使油位降至与当时油温相对应的高度，以免溢油。

（6）变压器在各种超负荷方式下运行，若油温异常升高时，应立即降低负荷，将油温控制在最高限值以内。

（7）变压器油因低温凝滞时，应不投冷却器空载运行，同时监视顶层油温，逐步增加负载，直至投入相应数量冷却器，转入正常运行。

（三）变压器油位不正常的处理

（1）因环境温度变化而使油位升高或降低并超过极限值，应联系检修维护人员及时放油或加油，保持正常油位运行；在放油或加油时应将变压器的重气体保护出口连接片改投"信号"位置，补油时应遵守规程的规定，禁止从变压器下部补油。此时变压器其他主保护均应投入运行，放油或加油结束，待变压器本体内的气体全部排出后，再将变压器重气体保护出口连接片改投"跳闸"位置。

（2）若因大量漏油引起油位迅速下降时，应根据具体情况分别采取相应措施进行处理，此时禁止将重气体保护出口连接片改投"信号"位置。

（3）若漏油是由某组冷却装置所致，已达到变压器油位不能维持的程度时，应退出该组冷却装置运行，关闭其进出口油路阀门，并严密监视变压器油位和温度的变化。

（四）变压器轻气体保护动作信号的处理

（1）检查是否因变压器滤油、加油或冷却器不严密，导致空气侵入造成。

（2）检查是否因温度变化、油位下降或渗漏油引起油面过低所致。

（3）检查变压器温度有无异常变化情况，内部有无异常声音和放电声响。

（4）若检查气体继电器内确有气体，应联系化学有关人员取样分析，并应记录气量，气体性质如表 7-1 所示。

表 7-1　气体颜色与故障性质的对照

气体性质	燃烧情况	故障性质
无色无味或有轻微的油味	不可燃	油中分离出的或外部侵入的空气
白色或灰色且有强烈的臭味	可燃烧	绝缘低或绝缘材料故障产生的气体
淡黄色或黄色	不易燃	木质绝缘材料故障产生的气体
深灰色或黑色	易燃烧	内部故障闪络、油分解或燃烧时产生的气体

（5）经上述检查未发现异常，应检查二次回路，确定是否因误发信号所致。

（6）若轻气体保护动作不是由于油位下降或空气侵入而引起的，应做变压器油的闪点试验或进行色谱分析，若闪点较前次试验低 5℃以上或低于 135℃时，证明变压器内部有故障，应将变压器停运检修。

（7）如轻气体信号发出是因为空气侵入引起，应将气体继电器内的气体排出，并做好记录；若无加油、滤油工作，而轻气体保护频繁动作，信号接连发出，且时间间隔逐渐缩短，应将该变压器降低负荷运行，并做好事故跳闸的预想；有备用变压器的，此时应尽快切换至备用变压器运行，将异常变压器停运检修处理。

（8）检查气体继电器时的注意事项。

1）注意与带电部分保持安全距离，如外部检查已发现不正常声音、破裂、高温等异常情况时，气体分析可在变压器停运后进行，确保人身安全。

2）鉴定气体油质的工作应迅速、及时，因为有色物质几分钟内就会下沉，颜色可能消失。

（五）变压器紧急停运的条件

变压器在正常运行中，如遇到紧急情况，有可能造成变压器本体损坏，危及人身及电网安全，此时应当机立断，紧急停运变压器，隔离故障点，保护设备、人身及电网安全，一般在下列情况下应紧急停运。

（1）瓷套管爆炸或破裂，瓷套管端头接线开断或熔断。

（2）变压器冒烟着火。

（3）变压器渗漏油严重，油面下降到气体继电器以下。

（4）防爆管膜破裂，且向外喷油。

（5）释压器动作且向外喷油（主变压器、厂用高压变压器、备用高压变压器）。

（6）油色变化过度发黑，油内出现游离碳。

（7）变压器本体内部有异常声音，且有不均匀的爆裂声。

（8）变压器无保护运行（直流系统瞬时接地、直流熔断器熔断及接触不良，但能立即恢复者除外）。

（9）变压器保护或高、低压侧断路器故障拒动，当发生危及变压器安全的故障，而变压器的有关保护装置拒动时，值班人员应立即将变压器停运。

（10）变压器轻气体动作发信号，收集气体并经检查鉴定为可燃性气体或黄色气体。

（11）变压器电气回路发生威胁人身安全的情况，而不停运变压器无法隔离电源者。

（12）变压器在正常负荷及正常负荷冷却条件下，环境温度无异常变化，而油温不正常升高并不断上升，超过最高温度允许值时。

（13）当变压器附近的设备着火、爆炸或发生其他情况，对变压器构成严重威胁时。

（六）有载调压开关异常运行及处理

1．调压装置油位的异常

正常对变压器的运行监视中，应将变压器本体的油位和调压装置的油位相比较。两者经常保持不同，说明两个油箱、油枕之间的密封良好。如果发现两部分油位呈相互接近相等的趋势，或两者已保持相平，应汇报上级，取油样作色谱分析，以防止内部密封不良，造成两个油箱中的油相混合。

2．调压操作时变压器输出电压不变化

（1）调压操作时，变压器输出电压不变化，调压指示灯亮，分接开关挡位指示也不变化。这时属电动机空转，而操动机构未动作。

处理：此情况多发生在检修工作后，忘记把水平蜗轮上的连接套装上，使电动机空转；也可能是频繁多次调压操作，传动部分连接插销脱落。将连接套或插销装好即可继续操作。

（2）一次调压操作连续多挡位调压

【处理方法】此时应迅速地断开调压电动机的电源（时间应选在刚好一个挡位调整的动作完成时，或在"终点"挡位时）。然后使用操作手柄，手力调压操作，调到适当的挡位，不使变压器输出电压过高或过低。通知检修人员，处理接触器不返回的缺陷。同时，应仔细倾听调压装置内部有无异音。

（七）变压器差动保护动作跳闸处理

（1）检查变压器差动保护范围内的所有电气设备，有无短路闪络和损坏痕迹。

（2）检查防爆膜有无破裂、喷油现象（使用释压器防爆的变压器应检查释压器有无喷油现象和动作指示），检查变压器油温、油位、油色有无异常现象。

（3）断开变压器各侧隔离开关（应注意检查各侧断路器确已断开），测量变压器绝缘电阻，并联系检修人员测量变压器直流电阻。

（4）对变压器差动保护回路及其直流回路联系检修维护人员进行检查，确认是否误动；若属保护误动，应解除差动保护，但此时变压器气体及其他保护必须投入，将变压器投入运行。

（5）经上述检查未发现问题时，应请示总工程师批准后，进行变压器充电试验。

（6）对于主变压器，厂用高压变压器可由发电机—变压器组做工频零起升压试验，确认升压试验正常后，方可投入运行。

（7）对于其他变压器，可由检修人员进行内部检查，确认无问题后，由高压侧断路器做全电压冲击试验，检查确认冲击试验正常后，方可投入运行。

（八）变压器重气体保护动作跳闸处理

（1）气体保护动作跳闸时，在查明原因消除故障前，不得将变压器投入运行。

（2）查明原因时应重点考虑以下因素，做出综合判断：

1）是否呼吸不畅或排气未尽。

2）保护及直流等二次回路是否正常。

3）变压器外观有无明显反映故障性质的异常现象。

4）气体继电器中积集气体量是否可燃。

5）气体继电器中的气体和油中溶解气体的色谱分析结果。

6）必要的电气试验结果。

7）变压器其他继电保护装置动作情况。

（3）经上述检查、分析、化验仍未发现问题，而且变压器的各项电气试验均合格时，应请示总工批准后，进行充电试验。

（4）对于主变压器、厂用高压变压器可由发电机—变压器组做工频零起升压试验，确认升压试验正常后，方可投入运行；对于其他变压器，应由检修人员进行内部检查，无问题后，由高压侧断路器做全电压冲击试验，检查试运正常后，方可投入运行。

（九）变压器过电流保护动作跳闸处理

（1）检查变压器过电流保护动作跳闸时有无系统冲击现象及设备短路现象。

（2）变压器过电流保护动作跳闸后，在无备用电源或备用电源断路器拒绝合闸的情况下，可不经检查强送电一次，若强送后再跳闸，则需查明故障原因，消除故障后再送电投运；若备用电源断路器自投后跳闸，则不准强送电，应对变压器及母线系统设备进行全面检查，故障点消除或隔离后，方可送电投运。

（3）若因系统故障冲击，使变压器断路器越级跳闸时，可在系统故障消除或隔离后，不经检查即可恢复变压器运行，然后对变压器进行外部检查。

（十）强迫油循环冷却变压器冷却装置故障处理

1．冷却装置故障的处理

（1）单台风机故障时，先将该组冷却器停运，联系检修维护人员修复或隔离故障风机后，将该组冷却器恢复运行。

（2）潜油泵或二次回路故障（如接触器、热偶烧坏等故障），冷却器自动跳闸后，值班人员应先检查备用冷却器是否自动投运，若未投运，应手动投运，然后再检查故障原因。

（3）冷却器部件大量漏油时，应立即停止该组冷却器运行，还应关好该冷却器进、出油阀门，切断该冷却器的电源。

2．冷却装置电源中断的处理

（1）冷却装置电源其中一路中断失电，另一路电源应自动投入，若自动投入成功，检查接触器运行是否良好，将电源切换开关切至对应的位置；若自投不成功，应迅速手动投入另一路电源，恢复冷却装置的正常运行。

（2）当冷却装置发生故障，全部冷却器停运时，变压器的温度不能超过其最高温度允许值；否则紧急停运，联系检修维护人员处理。

（3）冷却装置全停时，若是由电源失电引起，则应尽快恢复电源，争取在停运 20min 内处理好。

（4）冷却装置全停时，一般情况下，若 20min 内处理不好，此时应监视变压器上层油温，如果不超过 75℃，还可延长到 60min；若 60min 内还处理不好时，应及时停运安排处理。

（5）冷却装置全停后，应密切监视上层油温，不得超过规定值，在变压器上层油温接近规定值前，应及时汇报值长，降低变压器负荷运行；若降低负荷运行后，上层油温仍继续上升时，应立即申请停运处理。

（十一）变压器自动跳闸和着火的处理

1．变压器自动跳闸的处理

（1）变压器保护装置动作跳闸时，须根据掉牌指示查明何种保护装置动作，和保护动作前有何外部现象（如外部短路、变压器过负荷及其他等）。然后根据事故前的现象和保护动作情况采取本规程规定措施，进行相应的事故处理。

（2）变压器自动跳闸后若经检查结果证明变压器跳闸不是因内部故障引起，而是由于过负荷，外部短路或保护装置二次回路故障所造成，则待故障消除后，变压器可不经外部检查即可重新投入系统运行。

（3）变压器自动跳闸后经检查结果证明不是因为外部故障引起，则应进行变压器内部检查，查明有无内部故障的征象，并测量变压器线圈绝缘电阻，若有内部故障征象时，禁止投入变压器运行，应对变压器内部进行检查处理，方可重新将变压器投入系统运行。

2．变压器着火的处理

变压器着火的处理方法如下：

（1）变压器着火时，首先应将变压器各侧开关和隔离刀闸断开。确认变压器无电压后，组织人员进行灭火。

（3）若变压器的油溢在变压器顶盖和套管上，引起顶盖和套管着火，则在变压器停电后立即打开变压器底部事故排油阀放油至油面低于着火处进行灭火。

（4）灭火时需严格遵守"电气设备典型消防规程"的有关规定。

（5）如火势有波及附近设备的危险，应将相应设备停止运行，并严防附近设备着火。

（十二）变压器过电流和零序后备保护动作

1．变压器过电流和零序后备保护动作的现象

（1）变压器过流动作则主变高压侧开关自动跳闸，信号继电器掉牌，光字灯亮。

（2）变压器零序后备保护动作则第一时限动作跳开不接地变压器高压侧开关，第二时限动作跳开接地变压器高压侧开关，第三时限动作跳开接地变压器高低压侧开关，信号继电器掉牌，光字灯亮。

2．变压器过电流和零序后备保护动作的处理

（1）进行外部检查（包括保护范围内母线、瓷瓶、套管、电缆等），测量绝缘电阻，如经检查确认不属内部故障，待故障消除后可重新投入运行。

（2）若与调度联系证明为外部（系统）故障引起，则按调度命令执行操作。

（3）若动作原因不明，则应按差动保护动作的处理程序进行处理。

【任务工作单】

任务目标：

能对主变压器的工作原理进行简要阐述

能对主变压器进行巡视、监控

能对主变压器异常与故障情况进行分析和处理

1．主变压器的类型有哪些？

2．主变压器的冷却方式有哪些？

3．主变压器事故处理的原则有哪些？

项目八　水电厂发电机运行与维护

【学习目标】

➢ 知道同步发电机的工作原理、基本结构和类型。
➢ 掌握发电机的运行方式及检查维护内容。
➢ 知道水电厂发电机事故处理的原则。

【项目描述】

某水电厂 2 号发电机组型号 QF-3，额定电压为 6.3kV，额定电流为 344A。某日雷雨交加，在正常运行中发电机突然励磁指示不正常，无功电流大幅变化，机组失磁保护动作停机。假如你是维修人员，请你对该问题进行检修。

任务一　水电厂发电机认知

一、同步发电机的工作原理

同步发电机利用电磁感应原理将机械能转变成电能。同步发电机工作原理如图 8-1 所示。在同步发电机的定子铁芯内，对称安放着 A-X、B-Y、C-Z 三相绕组，每相绕组匝数相同，三相绕组的轴线在空间上互差 120°电角度。在同步发电机的转子上装有励磁绕组，励磁电流通过转子励磁绕组时会产生主磁场，磁通如图 8-1 中虚线所示。磁极的形状决定了气隙磁密在空间基本上按正弦规律分布。当原动机带动转子旋转时，就得到一个在空间按正弦规律分布的旋转磁场。定子三相绕组在空间上互差120°电角度，三相绕组的感应电动势在时间上也互差 120°电角度，发电机发出的是对称三相交流电，即

$$\left. \begin{aligned} E_A &= E_m \sin \omega t \\ E_B &= E_m \sin (\omega t - 120°) \\ E_C &= E_m \sin (\omega t - 240°) \end{aligned} \right\} \tag{8-1}$$

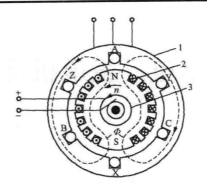

图 8-1　同步发电机工作原理图

感应电动势的频率取决于发电机的磁极对数 p 和转子转速 n。当转子为一对磁极时，转子旋转一周，定子绕组中的感应电动势正好交变一次及一个周期；当转子有 p 对磁极时，转子旋转一周，感应电动势就交变了 p 个周期。设转子转速为 n（r/min），则感应电动势每秒交变 $\dfrac{pn}{60}$ 次，感应电动势的频率为：

$$f = \frac{pn}{60}\text{（Hz）}\qquad\qquad(8\text{-}2)$$

当同步发电机的磁极对数 p、转子转速 n 一定时，定子绕组感应电动势的频率一定，转速与频率保持严格关系，这是同步发电机的基本特点之一。

当同步发电机的三相绕组与负载接通时，对称三相绕组中流过对称三相电流，并产生一个旋转磁场，这个旋转磁场的转速是 $n_1 = 60f/p$，即定子旋转磁场的转速与发电机转子的转速相同，故称同步发电机。

二、同步发电机的基本结构

同步发电机由定子、转子两个基本部分组成。

（一）定子

定子由定子铁芯、定子绕组（电枢绕组）、机座、端盖及挡风装置等部件组成。

定子铁芯是发电机磁路的一部分，嵌放定子绕组。定子铁芯的形状呈圆筒形，在内壁上均匀分布着槽。为减小铁芯损耗，定子铁芯一般采用 0.35mm 或 0.5mm 厚的硅钢片叠装制成。当定子铁芯外径大于 1m 时，用扇形冲片拼成一个整圆，错缝叠装，沿轴向分成若干段，段与段之间留有 1cm 宽的风道。整个铁芯用非磁性的端连接片和抱紧螺杆压紧固定于机座上。

定子绕组是定子的电路部分，能产生感应电动势，能通过电流，是实现机电能量转换的重要部件。定子绕组用铜线或铝线制成。汽轮发电机多采用双层叠绕组。为减少集肤效应引起的附加损耗，绕制定子绕组的导线由许多相互绝缘的多股线并绕而成，在绕组的直线部分还要换位，以减小因漏磁通而引起的各股导线间的电动势差和涡流，整个绕组对地绝缘。

定子机座应有足够的强度和刚度，一般机座都用钢板焊接而成，主要用于固定定子铁芯，并和其他部件一起形成密闭的冷却系统。

（二）转子

转子由转子铁芯、转子绕组（励磁绕组）、集电环、转轴等部件组成。对于一对磁极的汽轮发电机，其转速达 3000r/min。因此转子要做得细一些，以减低转子圆周的线速度，避免转子部件由于高速旋转的离心力作用而损坏。转子形状为隐极式，其直径小，为细长圆柱体。

转子铁芯既是发电机磁路的一部分，又是固定励磁绕组的部件，大型汽轮发电机的转子一般采用导磁性能好、机械强度高的合金钢锻成，并和轴锻成一整体。沿转子铁芯轴向，占转子铁芯表面 2/3 的部分对称地铣有凹槽，槽的形状有两种，一种是辐射排列，一种是平行排列。占转子铁芯表面 1/3 的不开槽部分形成一个大齿，大齿的中心实际为磁极中心。

励磁绕组由矩形的扁铜绕成同心式绕组，嵌放在铁芯槽中，所有绕组串联组成励磁绕组。直流励磁电流一般通过碳刷和集电环引入转子励磁绕组，形成转子的直流电路。励磁绕组各匝间相互绝缘，各匝和铁芯之间也有可靠的绝缘。

三、同步发电机的类型

同步发电机分类方式有多种，常见的有以下几种分类方式。

（1）按原动机的不同，分为汽轮发电机、水轮发电机、燃气轮发电机、柴油发电机、风力发电机等。在电力系统中，使用最广泛的是前两种类型的发电机。

（2）按转子结构不同，分为隐极式和凸极式。

（3）按安装方式不同，分为卧式和立式。

（4）按冷却介质不同，分为空气冷却式、氢气冷却（又分外冷和内冷两种方式）式、水冷却（内冷）式。还可形成不同的组合方式，例如水氢氢组合，即定子绕组为水内冷，转子绕组为氢内冷，定子铁芯为氢冷；水水氢组合，即定子绕组和转子绕组为水内冷，定子铁芯为氢冷。

现代同步发电机的发展趋势主要表现在单机容量的增大，经济性、可靠性和适用性的提高，冷却技术的改善，新材料的应用，在线监测技术的不断开发等方面。

任务二　水电厂发电机运行与维护

一、巡视检查制度

巡视检查是保证电气设备安全运行、及时发现和处理电气设备缺陷及隐患的有效手段，每个运行值班人员应按各自的岗位职责，认真、按时执行巡视检查制度。巡视检查分交接班检查、经常监视检查和定期巡视检查。

（一）巡视检查的要求

（1）值班人员必须认真、按时地巡视设备。

（2）值班人员必须按规定的设备巡视路线巡视本岗位所分工负责的设备，以防漏巡设备。

（3）巡视检查时应带好必要的工具，如手套、手电、电笔、防尘口罩、套鞋、听音器等。

（4）巡视检查时必须遵守有关安全规定，不要触及带电、高温、高压、转动等危险部位，防止危及人身和设备安全。

（5）检查中若发现异常情况，应及时处理、汇报，若不能处理时，应填写缺陷单，并及时通知有关部门处理。

（6）检查中若发生事故，应立即返回自己的岗位处理事故。

（7）巡视检查前后，均应汇报班长，并作好有关记录。

（二）巡视检查的有关规定

（1）每班值班期间，对全部设备检查不应少于三次，即交、接班各一次，班间相对高峰负荷时一次。

（2）对于天气突变、设备存在缺陷及运行设备失去备用等各种特殊情况，应临时安排特殊检查或增加巡视次数，并做好事故预想。

（3）检修后设备以及新投入运行设备，应加强巡视。

（4）事故处理后应对设备、系统进行全面巡视。（30min 一次，72h 后运行正常，恢复后 1h 一次）。

（三）巡视检查设备的基本方法

（1）以运行人员的眼观、耳听、鼻嗅、手触等感觉为主要检查手段，判断运行中设备的缺陷及隐患。

1）目测检查法。目测检查法就是用眼睛来检查看得见的设备部位，通过设备外观的变化来发现异常情况。通过目测可以发现的异常现象综合如下：①破裂、断股、断线；②

变形（膨胀、收缩、弯曲、位移）；③松动；④漏油、漏水、漏气、渗油；⑤腐蚀污秽；⑥闪络痕迹；⑦磨损；⑧变色（烧焦、硅胶变色、油变黑）；⑨冒烟、接头发热（示温蜡片熔化）；⑩产生火花；⑪有杂质、异物搭挂；⑫不正常的动作等。

这些外观现象往往反映了设备的异常情况，因此靠目测观察就可以作出初步分析判断。应该说变电站的电气设备几乎都可用目测法对外观进行巡视检查。所以，目测法是巡视检查中最常用方法之一。

2）耳听判断法。发电厂、变电站的一、二次电磁式设备（如变压器、互感器、断电器、接触器等）正常运行时通过交流电后，其绕组铁芯会发出均匀有规律和一定响度的"嗡、嗡"声。这些声音是运行设备所特有的，也可以说是设备处于运行状态的一种特征。如果仔细听这种声音，并熟练掌握这种声音的特点，就能通过其高低节奏、音量的变化、音量的强弱及是否伴有杂音等，来判断设备是否运行正常。运行值班人员应该熟悉、掌握声音的特点，当设备出现故障时，一般会夹着杂音，甚至有"噼啪"的放电声，可以通过正常时和异常时音律、音量的变化来判断设备故障的发生和性质。

3）鼻嗅判断法。电气设备的绝缘材料一旦过热会产生一种异味，这种异味对正常巡查人员来说是可以嗅别出来的。如果值班人员检查电气设备，嗅到设备过热或绝缘材料被烧焦产生的气味时，应立即进行深入检查，看有没有冒烟的地方，有没有变色的现象，听一听有没有放电的声音等，直到查找出原因为止。嗅气味是发现电气设备某些异常和缺陷的比较灵敏的一种方法。

4）手触试检查法。手触试检查是判断设备的部分缺陷和故障的一种必需的方法，但用手触试检查带电设备是绝对禁止的。运行中的变压器、消弧线圈的中性点接地装置，必须视为带电设备，在没有可靠的安全措施时，禁止用手触试。对于外壳不带电且外壳接地很好的设备及其附件等，检查其温度或温差需要用手触试时，应保持安全距离。对于二次设备（如断电器等）的发热、振动等，也可用手触试检查。

5）用仪器检测的方法。

（2）使用工具和仪表，进一步探明故障的性质。用仪器进行检测的优点是灵敏、准确、可靠。检测技术发展较快，测试仪器种类较多，使用这些测试仪器时，应认真阅读说明书，掌握测试要领和安全注意事项。

在发电厂、变电站使用较多的是用仪器对电气设备的温度进行检测。常用的测温方法有以下几种：

1）在设备易发热部位贴示温蜡片，黄、绿、红三种示温蜡片的熔点分别为 60℃、70℃、80℃。

2）在设备上涂示温漆或涂料。

3）红外线测温仪。

前两种方法的优点是简便易行，但也存在一些缺点：主要是不能和周围温度做比较，蜡片贴的时间长了易脱落，涂料和漆可长期使用，但受阳光照射会引起变色，变色不易分辨清楚，不能发现设备发热初期的微热及温差等。

红外线测温仪是一种利用高灵敏度的热敏感应辐射元件检测由被测物发射出来的红外线进行测温的仪器，能正确地测出运行设备的发热部位及发热程度。

测温后的分析与判断：实际上测温的目的是在运行设备发热部位尚未达到其最高允许温度前，尽快发现发热的状态，以便采取相应的措施。当经过测量得到设备的实际温度后，必须了解设备在测温时所带负荷情况，与该设备历年的温度记录资料及同等条件下同类设备温度做比较，并与各类电气设备的最高允许温度比较，然后进行综合分析，作出判断，制订处理意见。经判断属于"注意"范围的设备，应加强巡视检查，并在定期检修时安排处理；属于"危险"范围的设备，应立即报告调度和领导，进行停电处理。巡视检查时，注意力必须高度集中，对气味异常或刚投入运行的设备或因跳闸后又投入运行的设备应进行重点检查。

（四）设备巡视要点

（1）设备运行情况。

（2）充油设备有无漏油、渗油现象，油位、油压指示是否正常。

（3）设备接头触点有无发热、烧红现象，金具有无变形和螺栓有无断损和脱落、设备有无电晕放电等情况。

（4）运转设备声音是否异常（如冷却器风扇、油泵和水泵等）。

（5）设备干燥装置是否已失效（如硅胶变色）。

（6）设备绝缘子、瓷套有无破损和灰尘污染。

（7）设备的计数器、指示器的动作和变化指示情况（如避雷器动作计数器、断路器操作指示器等）。

（五）应进行特殊巡视的情况

（1）设备过负荷或负荷有明显增加时。

（2）设备经检修、改造或长期停用后重新投入系统运行，新安装设备投入系统运行。

（3）设备异常运行或运行中有可疑的现象。

（4）恶劣气候或气候突变。

（5）事故跳闸。

（6）设备存在缺陷未消除前。

（7）法定节假日或上级通知有重要供电任务期间。

（8）其他特殊情况。

（六）对气候变化或突变等情况有针对性对设备进行检查的要求

（1）气候暴热时，应检查各种设备温度和油位的变化情况，冷却设备运行是否正常，油压和气压变化是否正常。

（2）气候骤冷时，应重点检查充油充气设备的油位变化情况，油压和气压变化是否正常，加热设备是否启动、运行是否正常等情况。

（3）大风天气时，应注意临时设备牢固情况，导线舞动情况及有无杂物刮到设备上的可能，室外设备箱门是否已关闭好。

（4）降雨、雪天气时，应注意室外设备触点触头等处及导线是否有发热和冒气现象。

（5）大雾潮湿天气时，应注意套管及绝缘部分是否有污闪和放电现象；端子箱、机构箱内是否有凝露现象。

（6）雷雨天气后，应注意检查设备有无放电痕迹，避雷器放电记录器是否动作。

二、发电机本体巡视检查内容

（1）对发电机及励磁机碳刷的检查。发电机运行时应检查集电环与碳刷，集电环表面清洁、无金属磨损、无过热变色；集电环和大轴接地碳刷在刷握内无跳动、冒火、卡涩或接触不良；碳刷未破碎、不过短，刷辫未脱落、未磨断。

（2）发电机转动部分无异音。发电机运行声音正常，无异常和强烈振动、无串轴等现象，并应注意有无焦味。发电机运行时，检查外壳应无漏风，机壳内无烟气和放电现象。

（3）发电机运行时检查机端绕组运行情况。机端窥视孔观察机端定子绕组应无变形、无流胶、无松动、无结露，端部绕组应无火花、温度应正常，定子绝缘引水管接头不渗漏、无抖动及磨损、无电晕。

（4）灭火装置应有正常水压。

（5）励磁系统运行情况检查。励磁开关室内设备正常、清洁，触点严密无过热。励磁系统各断路器、隔离开关无过热现象；运行中的整流柜无故障信号显示，冷却风机运行正常。

（6）发电机冷却系统检查。发电机氢气冷却器的运行正常，无漏水现象；发电机氢气冷却室的门应关闭严密，冷却阀门应开度正常，如发现冷却风温度不正常时，通知汽轮机司机进行调节；发电机氢、油、水进出法兰无渗漏现象。

（7）发电机各部分温度不应超过规定值。

（8）各项表计指示正常。

（9）励磁变压器运行正常。

（10）发电机保护装置完好，运行正常，无放电现象。

（11）发电机出口电压互感器和避雷器工作正常。

发电机在运行中除进行上述检查外，对励磁回路的绝缘电阻应进行监视，并按规定进行测量，测量结果不应低于 0.5MΩ。

对运行层上下的发电机及辅机系统按规程规定进行检查，并将情况记录于"维护日记"上，记录内容包括机械损伤、零部件松弛磨损、漏氢、漏油、漏水、电弧损伤、不正常噪声、不正常局部发热等。

三、发电机巡视及维护项目

一套有效的、预防性的巡视及维护制度能够减少发电机停机事故。在运行中的日常周期性维护工作要做到熟悉发电机的哪些部件要定期校正，哪些部件易于出故障以及怎样评价这些部件的工作状况等。在日常周期性维护规划中要详细规定每周、每月的维护内容和要求。维护内容包括在运行中或停机时不拆定子端盖的情况下进行清洗、检查、性能考核及试验。必须定期清理发电机，否则油污集聚起来会引起火灾和污染环境，也可能掩盖本来直观检查可以发现的事故隐患。常规维护有助于保持发电机在较长时间的连续安全运行，避免事故停机。

（一）集电环和碳刷的巡视及维护

（1）维护人员应定期用干燥压缩空气吹掉运行中的集电环、碳刷表面的灰尘，每次停机后也应进行清扫。

（2）定期检查集电环和碳刷，检查项目如下：

1）集电环表面清洁、光滑。

2）碳刷无冒火。

3）碳刷在刷握内无摇动或卡住。

4）集电环与碳刷接触良好，弹簧压力均匀正常，刷辫完整无发热变色现象。

5）碳刷边缘无剥落，碳刷无严重磨损，即碳刷不低于刷握的 1/3，否则应及时更换。

（3）运行中集电环上的工作，由检修人员或有经验的值班人员进行，工作中应穿绝缘鞋，扣紧工作服的袖口，女工将辫子卷入帽子内，地面上加铺胶皮垫，当励磁系统一点接地时，更应注意严禁两手同时接触励磁回路和接地部分或两个不同极的带电部分。

（4）更换碳刷应注意，碳刷的型号应一致，碳刷应保持其接触面积不小于 80%，碳刷在刷握中能自由活动。

（5）运行中更换碳刷的注意事项：

1）遵守安全工作规程中的有关规定。

2）同一排碳刷不能同时更换超过三块，正、负极碳刷不能同时更换。

3）型号必须一致。

（6）发电机集电环、碳刷冒火处理。

1）调整碳刷压力适当，使各碳刷压力均匀。

2）检查碳刷接触面有无油迹、碳刷是否破碎或过短。

3）检查碳刷在刷握内是否有振动、跳动及卡住现象。

4）由表面脏污引起应用白布擦拭。

5）经上述处理无效，减小励磁电流，但应注意不能进相，如不能消除，请检修处理。

（二）定期检查氢气的纯度、湿度、温度，监视与调节氢气压力

（三）发电机冷却水系统的检查与维护

发电机运行时，氢气压力应高于定子绕组冷却水的压力；检查定子入、出口水温不得超出允许范围。

巡视及维护时检查运行工况参数要符合运行规程参数有关要求，对不正常的测试结果要求增加测量次数。

四、发电机日常监视

正常运行中，发电机应该按铭牌规定数据及额定运行方式运行，或在容量限制曲线（P-Q 曲线）的范围内长期连续运行。由于发电机的长期运行功率主要受机组的发热情况限制，因此，要监视并记录发电机的有功功率、无功功率、定子电流、定子电压、氢气压力、氢气纯度、冷氢和热氢温度、定子绕组温度、铁芯温度、定子进出水温、转子绕组温度等参数。

发电机运行时，运行值班员对发电机的运行情况进行严密监视，通过表计及切换装置对运行参数进行测量、分析，并对其各部分进行系统的检查，判断发电机运行是否正常并进行调节。发电机配电盘上所有仪表应每隔 1h 记录一次，在最大负荷时间内，应每隔 30min 记录一次功率和电流值。

发电机定子绕组、定子铁芯和进出风的温度，必须每 1h 检查一次，每 2h 记录一次。如装有自动记录仪表，其抄表时间可延长。监视定子及励磁回路绝缘的电压表，按规定进行测量。对于全部自动化的机组，仪表读数的抄录应在定期巡查时进行。发电机日常监视内容有以下几个方面：

（1）无功电压的监视、调整以中调下达的季度电压曲线为依据。

（2）电气值班人员应加强对发电机无功、电压的监视、调整，利用全部调压手段，保持 220kV 母线的电压质量。当全部调压手段用完后，母线电压质量仍不能满足要求时，及时汇报值长，请求中调协助调整，并作好记录。

（3）通过测量表计或数据采集系统进行监控，检测并记录所有电气数据，如有功功率、无功功率、定子电压、定子电流、转子电压、转子电流、频率、自动励磁调节装置输出电压及电流等。在运行中根据有功负荷、电网电压等情况及时做好无功负荷、发电机电

压、电流及励磁系统参数的调整，通过表计指示情况，结合运行资料及时分析判断设备运行是否正常，使机组在安全、经济的状态下运行。

（4）通过转子绕组及励磁回路绝缘检测判断转子的绝缘情况，定子绕组绝缘检测判断定子绕组的绝缘情况。

（5）监视温度（如转子绕组、定子绕组、定子铁芯等温度）巡检装置、自动记录装置，检测轴振动值、冷却介质、润滑介质参数等。

发电机在容量曲线范围内的任何负荷下运行都是允许的，其负荷变化速度原则上按照汽轮机负荷曲线变化速度。由于发电机与汽轮机的连接采用刚性联轴器，故轴与轴之间必须正确对中。在运行中如果对中不良，将引起连接应力增加、轴承载荷不合理分配和振动增加，从而导致机械事故。发电机正常运行期间，应尽量维持冷氢温度的稳定，否则将引起发电机轴标高的变化，导致对中不良。

五、定期试验与切换

为了保证备用设备的完好性，确保运行设备故障时备用设备能正确投入工作，提高运行可靠性，必须对设备进行定期试验与切换。

（一）设备定期试验与切换的要求

（1）运行各班、各岗位应按规定的时间、内容和要求，认真做好设备的定期试验、切换、加油、测绝缘等工作。班长在接班前应查阅设备定期工作项目，在班前会上进行布置，并督促实施。

（2）如遇机组启停或事故处理等特殊情况，不能按时完成有关定期工作时，应向值长或值班负责人中明理由并获同意后，在交接班记录簿内记录说明，以便下一班补做。

（3）经试验、切换发现缺陷时，应及时通知有关检修人员处理，并填写缺陷通知单。若一时不能解决的，经生产副厂长或总工程师同意，可作为事故或紧急备用。

（4）电气测量备用辅助电动机绝缘不合格时，应及时通知检修人员处理。

（5）各种试验、切换操作均应按岗位职责进行操作和监护，试验前应做好相应的安全措施和事故预想。

（6）定期试验与切换中发生异常或事故时，应按运行规程进行处理。

（7）运行人员应将本班定期工作的执行情况、发现问题及未执行原因及时登记在定期试验切换记录簿内，并作好交接班记录。

电气设备的定期试验与切换应按现场规定执行。除此之外，还有设备缺陷管理制度，运行管理制度，运行维护制度。设备缺陷管理制度是为了及时消除影响安全运行或威胁安全生产的设备缺陷，提高设备的完好率，保证安全生产的一项重要制度。

运行管理制度包括做好备品（如熔断器、碳刷等）、安全用具、图纸、资料、钥匙及测量仪表的管理规定。

运行维护制度主要指对碳刷、熔断器等部件的维护，发现的其他设备缺陷，运行值班人员能处理的应及时处理，不能处理的由检修人员或协助检修人员处理，以保证设备处于良好的运行状态。

（二）发电机的出厂试验、交接试验和定期预防性试验等

（1）交接试验是在现场安装后交付运行前进行的试验，应进行以下项目：

1）轴承对地绝缘电阻和绕组间绝缘电阻的测定。

2）绕组在实际冷状态下直流电阻的测定。

3）温升试验。

4）空载特性和稳态短路特性的测定。

5）耐压试验。

6）短时升高电压试验。

7）发电机冷却系统的试验。

8）机械检查，测定轴承油温和轴承振动等。

9）测量轴两端间的电压和轴对地电位。

10）定子绕组直流耐压试验。

11）在不同转速下励磁绕组交流阻抗的测定。

12）油密封绝缘电阻的测定。

13）检查油和氢气控制系统的工作情况。

14）确定漏氢量，在额定氢压下每昼夜整个机组转动时的漏氢量不超过发电机氢气量的4%。

15）氢内冷转子通风孔检查试验。

16）定子绕组耐水压试验和流量检查。

17）励磁机试验。

（2）投入运行后，发电机的绝缘预防性试验应每年进行一次，也可以结合机组大、小修进行。投入运行后发电机预防性试验和大修试验的项目主要有：

1）空载、短路特性试验。

2）绕组、轴承绝缘电阻的测定。

3）励磁回路绝缘电阻的测定。

4）绕组直流电阻的测定。

5）大修前或更换绕组后进行定子绕组交流耐压试验、直流耐压试验，转子绕组交流阻抗试验。

6）转子通风试验。

7）气密试验。

8）冷却器水压试验。

9）定子绕组、出线水压试验和流量试验等。

（3）日常运行根据机组情况做以下试验：

1）发电机定子绝缘的测定。

2）发电机转子绝缘的测定。

3）发电机转子集电环的清扫。

4）发电机—变压器组光字牌及中央音响试验。

5）发电机—变压器组出口断路器拉、合闸试验。

6）发电机灭磁开关拉、合闸试验。

7）发电机主断路器及灭磁开关联跳试验。

8）检修后启动做发电机—变压器组保护传动试验。

9）检修后启动做功率柜风机联锁试验。

10）主变压器冷却装置自启动试验及电源切换试验。

11）高压厂用变压器及启动备用变压器冷却装置的电源切换试验。

12）发电机检漏仪试验。

13）每次并列前，做发电机组同期试验。

14）每次检修后，做励磁调节器调节方向及动作灵活性试验。

15）定子冷却水泵联锁试验，断水保护试验。

16）大修后的发电机，应做定子水压、反冲洗试验。

（4）每月的定期试验包括以下试验：

1）事故照明切换试验。

2）消防泵电机测绝缘试验。

3）高低压厂用开关拉合试验。

4）直流油泵工作备用电源检查试验。

5）主变压器冷却器电源切换试验。

6）备用发电机测绝缘试验。

7）继电保护投退检查试验。

8）380V 备用自投装置自投试验。

9）6kV 厂用电快切装置试验。

10）柴油发电机自启动试验。

11）启动备用变压器分接开关活动试验。

12）整流柜风扇电源切换试验。

13）防误闭锁装置检查。

14）备用变压器充电试验。

六、运行分析制度

运行分析是确保电力系统安全、经济运行的一项重要工作，通过对各运行参数、运行记录和设备运行状况的全面分析，及时采取相应措施消除缺陷或提出防止事故发生的对策，并为设备技术改进、运行操作改进和合理安排运行方式提供依据。

（一）运行分析的内容

运行分析的内容包括岗位分析、专业分析、专题分析和异常运行及事故分析。

1．岗位分析

运行人员在值班期间对仪表活动、设备参数变化、设备异常和缺陷、操作异常等情况进行分析。

2．专业分析

专业技术人员将运行记录整理后，进行定期的系统性分析。

3.专题分析

根据总结经验的要求，进行某些专题分析，如机组启/停过程分析、大修前设备运行状况和改进的分析、大修后设备运行工况的对比分析等。

4．异常运行及事故分析

发生事故后，对事故处理和有关操作认真进行分析评价，总结经验教训，不断提高运行水平。

（二）做好运行分析的要求

为了做好运行分析，要求做到以下几点：

（1）运行值班人员在监盘时应集中思想，认真监视仪表指示的变化，按时并准确地抄表，及时进行分析，并进行必要的调整和处理。

（2）各种值班记录、运行日志、月报表及登记簿等原始资料应填写清楚，内容正确、完整，保管齐全。

（3）记录仪表应随同设备一起投入，指示应正确。若记录仪表发生缺陷，值班人员应及时通知检修人员修复。

（4）发现异常情况，应认真追查和分析原因。

（5）发现重大的设备异常或一时难以分析和处理的异常情况时，应逐级汇报，组织专题分析，提出对策，采取紧急措施，同时运行人员应做好事故预想。

任务三　水电厂发电机常见故障与处理

一、事故处理的一般原则

（1）尽一切可能保证厂用电正常，如造成厂用电源失去，应优先恢复厂用电。

（2）消除事故根源，解除对人身及设备安全的威胁。

（3）尽快查清原因，限制事故的进一步扩大。

（4）维持运行设备的稳定。

（5）万一发生跳机或主燃料跳闸（MFT），要尽一切可能保证相应设备正常停用。

（6）查明事故原因后，尽快消除，争取及早恢复机组正常运行。

（7）对事故现象及处理过程，应详细记录，并收集有关打印资料，以供事故分析。

二、周波异常处理

（一）事故现象

（1）电网周率降至 49.8Hz 以下。

（2）电网周率超过 50.2Hz 以上。

（二）事故原因分析

电网异常。

（三）事故处理

（1）汇报值长。

（2）电网周波降至 49.8Hz 以下时，应根据机组最大增荷速率，自行增加出力，直至最高出力。

（3）电网周波超过 50.1Hz 以上时，机组有可调能力情况下，应自动减出力。

（4）电网周波超过 50.2Hz 以上时，应迅速降低机组出力，直至周波恢复到 50.2Hz 以下为止，同时汇报调度。

（5）电网周波超过 51.0Hz 以上时，应立即将机组出力降至技术最低出力，直至周波恢复到 50.5Hz 以下为止，然后再根据调度命令处理。

三、发电机—变压器组保护动作处理

（一）事故现象

（1）警铃、警报响，"发电机—变压器组保护动作"光字牌亮。

（2）发电机相应的出线开关、发电机励磁系统灭磁开关、励磁机灭磁开关、高压厂用变压器均跳闸，红灯灭，绿灯闪光，发电机、励磁机逆变灭磁。

（3）6kV 备用分支开关联动，绿灯灭，红灯闪光。

（4）发电机、高压厂用变压器各表计均指示为零。

（二）事故原因分析

（1）发电机变压器组故障。

（2）系统故障。

（三）事故处理

（1）恢复警铃、警报及各开关把手。

（2）检查 6kV 厂用系统正常，如未联动，应立即手动将其投入，检查 0.4kV 厂用系统供电正常。

（3）检查保护动作情况，分析保护动作原因，判断故障性质。

（4）若是外部故障引起保护动作，在高压侧时，设法隔离故障点后，将发电机重新并列。

（5）若为内部故障，则应进行以下检查：

1）对发电机保护范围内的全部电气设备进行全面详细检查。

2）检查发电机有无绝缘烧焦的气味或明显的故障现象。

3）外部检查无问题，应测量发电机定、转子绕组绝缘是否合格，及各点的温度是否正常。

4）经上述检查及测量无问题后，可将发电机零起升压试验良好后，经总工程师批准后将发电机并列。

5）当确认为人为误动时，可不经检查将发电机升压并列。

6）如系主保护动作，向有关领导汇报，并通知检修人员处理。

7）如系过流保护动作，应对一次系统进行全面检查，测定其绝缘电阻，并询问调度系统有无故障。如经上述查询均未发现问题，经上级批准，可进行升压并网。

8）检查出故障点后，应做好安全措施，并通知相关班组处理。

四、发电机失磁处理

（一）事故现象

（1）警铃响，"发电机失磁"光字牌亮。

（2）发电机定子电压指示降低并有摆动现象。

（3）发电机有功功率表指示降低并有摆动现象。

（4）发电机无功功率表指示反向并过零位。

（5）发电机定子电流大幅度上升，且有两倍滑差频率围绕某平均值波动。

（6）发电机转子电流从零向两个方向摆动，当转子回路断开时，电流表指示为零。

（7）发电机转子电压表呈周期性摆动。

（8）发电机转速超过额定转速。

（9）双机运行时，另一台机强励可能动作。

（二）事故处理

（1）如果发电机失磁保护动作，机组跳闸，迅速检查 6kV 和 0.4kV 厂用电系统联动情况，如联动不成功或未联动时，应手动投入，同时对励磁回路进行检查。

（2）如果发电机失磁保护未动作，应进行如下处理。

1）应立即恢复励磁，如不能恢复，应汇报值长，在规定时间内将有功负荷降至允许值运行。

2）发电机失磁时，自动励磁调节器必须立即停用，其他运行机组的自动励磁调节器必须投入运行，并允许这些发电机按短时事故过负荷运行。

3）尽快查明和消除失磁原因，恢复发电机励磁。

4）如在 15min 内未能恢复励磁，应请示值长将失磁机组与电网解列。

五、厂用电中断处理

（一）事故现象

（1）集控室正常照明熄灭，事故照明自投。

（2）CRT 报警窗报警；事故喇叭响。

（3）厂用 6kV、400V 母线电压表指示为零，所有运行的交流辅机停运，备用交流辅机不联动，各直流设备联动。

（4）锅炉 MFT、汽轮机跳闸、发电机跳闸。

（5）"6.3kV 高压厂用变压器进线开关跳闸"报警。

（6）"6.3kV 起动备用变压器进线开关跳闸"报警。

（7）"发电机—变压器组跳闸"报警。

（二）事故原因分析

（1）机组发电机—变压器组保护动作，备用电源自投不成功。

（2）工作电源与备用电源同时故障。

（3）供电中的备用电源故障。

（4）人为误操作或保护误动作，导致供电中启动备用变压器跳闸。

（三）事故处理

（1）报警确认，汇报值长。

（2）检查高中压主汽门、调门、高排逆止门、各抽汽逆止门已关闭，否则手动关闭，汽轮机转速下降。

（3）密切监视直流母线电压的变化情况，确认各直流油泵自启动正常。严密监视发电机氢压，根据情况采取相应措施。

（4）检查柴油发电机自启动是否成功，否则，立即手动启动，以保证保安段的正常供电。

（5）关闭炉前燃油进油手动门。在厂用电恢复前，严禁向凝汽器排汽水。

（6）检查发电机出口开关、励磁开关、6kV 及 400V 所有开关在"分"，否则需要手动断开。

（7）通知其他岗位进行厂用电失去的相应处理，并监视由邻机供电的空压机的运行情况。

（8）循环水在扩大单元制运行时，检查循环水联络门自动关闭，否则应手动关闭。

（9）检查制粉系统的风门、挡板位置正确，过、再热器喷水截止阀关闭。

（10）保安电源恢复后进行下列工作：

1）逐步恢复机、炉各段保安 PC、MCC 电源和交流事故照明。

2）启动主机交流润滑油泵、顶轴油泵、交流密封油泵，小机主油泵、空气预热器交流电机和火检风机。

3）主机转速至零时，投入连续盘车。如投盘车前转子已静止，先翻转转子180°，等待一段时间后再投入连续盘车。

4）检查 UPS 运行正常，电源切换正常。投入直流系统的浮充装置，停用有关的直流设备。

（11）其他操作按破坏真空停机处理。

（12）检查厂用电中断的原因，尽快恢复厂用电。

（四）发电机温度过高

1. 发电机定子、转子线圈、冷热风温度超过允许值

【现象】发电机定子、转子线圈、冷热风温度超过允许值。

【处理】

（1）检查风洞有无异常及气味，判断测温装置是否故障而误发信号，若测温装置不正常，应即时处理，若有绝缘焦臭味等危及机组安全情况，应立即停机，即时处理。

（2）调整冷却水量。

（3）在不影响系统条件下，适当调整机组间负荷分配。

（4）若温度仍然过高，调整该机负荷直至温度降为正常值为止。

2. 运行中励磁回路一点接地

【现象】发出励磁回路一点接地信号

【处理】

（1）测量励磁回路正负极对地电压，判断接地性质和部位。

（2）经检查判断不属于转子线圈内部接地，属励磁回路外部接地时，暂时保持继续运行，但应采取措施防止两点接地而引起短路。

（3）在检查和处理过程中，值班员应严密监视机组运行情况，若发现励磁电流急剧增大，机组振动显著增大，则应立即联系停机处理。

3. 运行中发电机有功负荷消失

【现象】有功指示为零或零以下，定子电流指示下降，无功负荷有所下降；

【处理】

（1）查明原因是否 "调速器空载装置误投入"，或 "机组球阀误关闭"。

（2）若系调速系统"空载"装置误投入，值班员应查明误投入的原因后，进行复归，重新开启导叶接带负荷，若不能复归，则系统装置内部有故障，可以停机处理，则停机处理，不能停机，则将调速器切为"手动"运行，并配专人留守，作好手关导叶准备。

（3）若系机组球阀误关，值班员应查明误关原因，同时将调速器开度或开限调至零位，待故障或误关原因消除后，按开启球阀程序打开球阀，重新接带负荷。

4. 运行中发电机定子或转子电流指示突然消失

【现象】定子或转子电流指示为零，其余指示正常。

【原因】变送器或一、二次回路故障。

【处理】值班员应按照其余参数的指示加强对发电机监视，尽可能不改变发电机的运行方式，可以停机处理，则停机处理；不能停机，加强对发电机组的运行监视。

5. 运行中发电机失去励磁

【现象】转子电流指示为零或接近为零，发电机母线电压降低，无功指示为零下，有功指示降低、摆动，定子电流指示升高且和转子电压指示一样作周期性的摆动。

【原因】可能是励磁装置故障或励磁主回路开路。

【处理】发生此现象时，值班员应立即将发电机与电网解列，断开灭磁开关，即时查明原因并排除，一时不能处理，必要时可投入备用励磁装置。

6. 发电机定子接地

【现象】6kV 接地信号发出。

【处理】：

（1）6kV 单相接地信号发出后，值班员应立即判明是何段故障，并测量故障相接地电压数值。

（2）对 6kV 故障系统所属设备分别隔离（经调度许可），查明接地点是在发电机内部还是在外部。

（3）如属发电机内部接地，应迅速降低发电机负荷，并解列，必要时开启备用机组，通知有关人员安排处理。

（4）如为外部接地，应迅速查明故障点并将其消除，在未消除前允许发电机在电网单相接地情况下最多运行 2h，否则将发电机与接地系统隔离。

（5）检查接地点时，应遵守安全规程，采取安全措施，若发现发电机风洞内有烟雾、焦臭味时，应立即将发电机解列、停机，若发现发电机着火，应立即按发电机事故处理规定进行灭火。

7．发电机振荡或失步

【现象】发电机定子电流、电压、母线电压指示剧烈摆动，有、无功指示摆动，转子电流表指针在正常值附近摆动，发电机发出鸣声，其节奏与各表计摆动合拍。

【原因】由于系统上发生短路或是发电机励磁突然减少等。

【处理】

（1）如为系统事故引起，则应增加励磁电流，必要时可限制部分有功出力.

（2）如为本机故障引起，则应采取下列措施：

①应立即增加励磁电流，必要时可限制部分有功出力。

②仍不能恢复时，则经 2min 后，值班员应将发电机或发电厂的一部分与系统解列，并即时报告调度。

8．发电机着火

【现象】发电机风洞内有明显的浓烟、火星或有绝缘焦臭味。

【原因】发电机绝缘击穿造成的短路或其它原因引起的风洞内油污着火而导致发电机起火等。

【处理】判明是发电机着火后，值班员应立即按"紧急停机"按钮，跳开发电机灭磁开关，并断开该机各方面电源后对发电机进行灭火，灭火前应确认发电机无电压，并注意以下要求：

（1）不准损坏密封，不准进入风洞或打开风洞入孔门。

（2）消防水灭火装置完好时应使用该装置灭火，消防水故障时必须使用一切能灭火的装置即时扑灭火灾，但不得使用沙子或泡沫灭火器。

（3）火灾扑灭后需要进入风洞内检查时，应戴防毒面具。

9．发电机差动保护动作

【现象】主机开关、灭磁开关跳闸，机组停机关阀。

【原因】电机中性点与出口开关范围内发生短路故障，或是人为引起、装置误动。

【处理】

（1）确认属人员误碰引起的应立即将机组开启重新并入系统接带负荷。但在升压时应特别监视各参数值，如有异常应立即停止升压，跳开灭磁开关，并查明原因。

（2）如不属人员误碰引起的应按下列原则进行处理：

①主机开关、灭磁开关未跳开的立即手动跳开。

②对发电机差动保护范围内所属设备进行全面检查，如发现着火应立即灭火。

③测量发电机绝缘，判明是否属发电机内部故障，并寻问调度电网上有无发生故障。

④如对发电机差动保护范围内所属设备经详细检查无异，应立即对差动保护进行检查。

（3）经上述检查未发现异常，应报告领导，得到批准后，方可对发电机启动升压试验。升压时应特别监视各参数值，发现异常立即停机，跳开灭磁开关。

（4）差动保护动作后检查发现下列情况之一者，机组应退出运行处待检修状态：

①定子线圈冒烟或者有"噼啪"声及焦臭味。

②保护范围内瓷瓶、套管、母线等电器设备有损坏和严重放电痕迹。

③发电机定子线圈绝缘电阻或差动保护范围内设备绝缘电阻较以前有显著降低。

【任务工作单】

任务目标：

能对同步发电机的工作原理进行简要阐述

能对水电厂发电机进行巡视、监控

能对水电厂发电机异常与故障情况进行分析和处理

1．同步发电机的类型有哪些？

2．水电厂发电机巡视检查设备有哪些基本方法？